核资源与辐射环境安全系列丛书

生物电化学系统处理含铀废水理论与技术

吴晓燕 李 密 叶 坚 著

中国原子能出版社

图书在版编目（CIP）数据

生物电化学系统处理含铀废水理论与技术／吴晓燕，
李密，叶坚著. — 北京：中国原子能出版社，2021.10
　　ISBN 978-7-5221-1633-4

Ⅰ. ①生… Ⅱ. ①吴… ②李… ③叶… Ⅲ. ①含铀废
水–生物电化学–废水处理 Ⅳ. ①X703

中国版本图书馆 CIP 数据核字（2021）第207656号

内容简介

本书在概述含铀废水的来源、组成、危害及处理技术最新研究进展的基础上，着重介绍了生物电化学技术（含微生物燃料电池技术和微生物电解池技术）研究进展和发展趋势；同时深刻引出该技术对含铀废水处理存在的优势与问题；通过深入开展相应的试验研究，获得了充实的研究结果，并对各类结果给予了充分分析与讨论；结合相关的研究分析和表征手段，详细剖析了生物电化学系统处理含铀废水的机理。本书为生物电化学系统处理含铀废水提供坚实的基础，也能有效促进该领域的继续发展。

本书既可作为从事环境工程、环境科学和市政工程、核环境安全等学科、专业高校教师的教学用书，也可作为这些学科、专业的博士及硕士研究生的自学教材，还可作为相关学科科研人员的参考用书。

生物电化学系统处理含铀废水理论与技术

出版发行	中国原子能出版社（北京市海淀区阜成路43号　100048）
策划编辑	韩　霞
责任编辑	韩　霞
装帧设计	侯怡璇
责任校对	宋　巍
责任印制	赵　明
印　　刷	保定市中画美凯印刷有限公司
经　　销	全国新华书店
开　　本	787 mm×1092 mm　1/16
印　　张	8　　　　　　　　**字　　数**　200 千字
版　　次	2021 年 10 月第 1 版　2021 年 10 月第 1 次印刷
书　　号	ISBN 978-7-5221-1633-4　　**定　　价**　60.00 元

发行电话：010-68452845　　　　　版权所有　侵权必究

总 序

　　南华大学是工业和信息化部、生态环境部、国家卫生健康委员会、国家国防科技工业局、中国核工业集团公司与湖南省人民政府共建的综合性大学。南华大学最大的特色是"核特色"，学校紧紧围绕服务核事业，在铀矿采冶、核资源利用、核安全与应急、核环保等领域均形成了系统优势。学校还面向我国国防科技工业、核工业、生态环境等领域重大需求，聚焦涉核重点难点问题，破解"卡脖子"关键技术，培养涉核紧缺人才。

　　为促进我国核事业在新时代的进一步发展，南华大学资源环境与安全工程学院组织安全科学与工程、矿业工程与环境科学与工程等核特色学科，充分凝练学科最新成果，结合国内外最新研究进展。在国防特色学科、"双一流"建设学科和"双一流"建设专业等的大力支持下，撰写"核资源与辐射环境安全"系列丛书。该系列丛书主要包含铀矿采冶、采冶环境治理、尾矿库退役、核辐射探测以及核安全等特色内容。

　　南华大学特邀了清华大学、中核集团总公司和中国原子能科学院等的单位专家及团队对丛书进行审稿工作。在领域内得到了同行及学者们的一致认可。相信本系列丛书的出版对凝练我国核资源与辐射环境安全技术成果，推动涉核学科发展具有重要的意义。同时，也对从事相关技术领域研究的科研人员和学生给予帮助。

　　此外，对于南华大学资源环境与安全工程学院各研究团队长期坚持涉核的科学研究，并所取得重要的成果而深感欣慰。深切希望他们能够继续努力，为习总书记提出的"两个一百年"奋斗目标作出更大的新贡献。也祝愿南华大学在"核特色"方面更上一层楼。对系列丛书准备过程中的所有参与人员表示感谢。

前言

　　铀资源的采冶、应用、后期的处理与处置等过程均会产生大量的含铀废水或者含铀溶液。因该类废水的重金属毒性和放射性双重问题，其的处理尤为重要。近年来，含铀废水的处理理念发生了巨大的转变，已发展成从其中获取资源。含铀废水具有较高铀浓度的优势，也促使了其成为国内外研究的热门对象。从含铀废水中获取铀资源也是我们团队研究的重要目标。国家"双碳"重大目标的提出，使我们更加目标笃定。

　　若能从含铀废水中既获取资源又获得能源，那将会是含铀废水处理领域一次质的飞跃。借助生物电化学技术即可同时实现上述的双重目标。该技术在其他含重金属废水的研究成果也是我们的开展该方向研究的信心。那么，选择何种生物电化学技术、怎样构建该技术的处理体系以及该体系处理含铀废水的机理等都是需要重点探索的问题。对以上问题的解答即是出版本书的目的。本书首先对含铀废水及其处理技术进行了综述；在生物电化学技术可有效处理重金属废水的理论与实践的基础上，构建了微生物燃料电池和微生物电解池两种生物电化学系统，择优选取系统电极材料、优化系统运行机制和分析系统处理机理等。众多研究成果证实，生物电化学技术对含铀废水的处理具有非常大的应用潜力，特别表现在获取铀资源和电能的高效性与持久性。后续我们将继续围绕生物电化学系统对含铀废水处理的机理开展更深入的研究，为该技术能用于实践做好更充分的理论准备。

　　本书得以出版要重点感谢国家自然科学基金（项目号：51704169、51874180）、湖南省"双一流"专业建设项目、湖南省自然科学基金（项目号：2018JJ3444）以及湖南省学位与研究生教育改革研究项目（项目号：2020JGZD049）的大力支持。同时也要感谢科研团队各位成员的大力付出，尤其是吕春雪和谢雯婕两位同学所付出的辛勤劳动。对本专著准备过程中的所有参与和关注人员也表示衷心感谢。书中若有不足之处，还请谅解，我们会在新的版次一并修订与扩展。

第1章

含铀废水及其处理技术进展

1.1 含铀废水概述

1.1.1 含铀废水的来源

含铀废水主要是指以铀为主要放射性元素的废水，其中可能还含有钍、镭等放射性元素和其他重金属元素及各种酸碱盐等污染物质[1]。近年来，随着中国核工业事业的迅速发展，伴随产生的含铀废水的种类也越来越多，含铀废水来源也十分广泛。如铀矿开采过程中的废水、堆放的铀矿石经过雨水等浸渍作用产生的废水、铀的精炼和核燃料制造废水、核电站放射性废物的正常排放、异常事故产生的废水、相关研究单位产生的含铀废水[2-5]。通常，铀矿采掘过程中产生的含铀废水属于低放射性废水。地下开采铀矿山产生的废水量范围比较大，每采出 1 t 铀矿石就会产生 4～10 t 的含铀废水；露天开采产生的含铀废水量呈现季节性，且波动范围一般在 0.01～4 m^3/h[6]。一般情况下，位于干旱或水源短缺区域内的铀矿山产生的废水量较少，甚至可以不排放含铀废水；水源充足区域内的矿山每天可排放高达数千吨的废水[7]。

1.1.2 含铀废水的特点及危害

铀矿山开发产生的含铀废水一般呈现酸性（pH = 3～5），少量呈现弱碱性（pH = 8～10）。通常情况下，铀矿山中产生的含铀废水量约为 150～500 t/d，且分布广泛[6]。含铀废水中的铀主要以 U(VI) 形式存在，与 U(IV) 相比，U(VI) 可溶性较好，不易形成沉淀物[8-9]。含铀废水中的 U(VI) 主要以铀酰离子（UO_2^{2+}）的形式存在，UO_2^{2+} 在迁移、扩散过程中受 pH 的影响较大，在低 pH 条件下，铀的迁移会更加快速。

铀作为一种放射性核素，主要分为两种毒性：化学性毒性和辐射性毒性。以铀酰离子形式存在的 U(VI) 主要表现为化学性毒性。铀矿废水中 U(VI) 浓度约为 0.2～5 mg/L，比自然水体中的基底值高出 4～100 倍[6]。若其流入到自然水体中，则会破坏原水体的酸碱平衡及影响水质，水中的植物、微生物、动物更是直接的受害者。此外，在水体和土壤遭受到铀污染后，生长在水体和土壤中的动植物会吸收铀进入本体，这对铀具有一定的富集作用[10]。如果人体不慎接触、吸入或食入受铀污染的食物，其中含有铀及其化合物，则会损伤或破坏人体组织和器官，导致脱发、皮肤病、血液疾病及癌症等一系列疾病。这也是铀离子进入食物链而危害人类身体健康的途径之一[11]。铀被吸收进入人体后，一部分会随着身体的新陈代谢等活动排出体外，剩余部分则会根据其存在形式及价态的不同分布在不同的组织细胞中[12-13]。其中，六价铀主要分布在肾器官中[14]，四价铀主要分布在肺器官中。相关研究表明，铀不仅会危害人体本身，因其放射性，还会影响生育能力或导致胚胎发育畸形[15]。考虑到铀污染带来的不良影响，世界卫生组织(WHO)以及美国环保局颁布规定有关铀的最大污染阈值为 30.0 μg/L，并且 WHO 已经将六价铀纳为致癌物质。因此，为了减少铀矿山废水对周围环境的污染，保护铀矿山附近的动植物、水生生物和居民的身体健康，含铀废水中六价铀及其化合物急需得到有效地去除[16-17]。

1.2　含铀废水处理技术研究进展

通常，含铀废水的处理主要针对其化学性毒性，即 U(Ⅵ) 的去除[18]。

因含铀废水的衰变辐射特性很难被改变，所以只能依靠自然衰变来降低铀的辐射性直至消失[19]。换言之，储存和扩散是处理含铀废水的本质方法。即采用适当的方法对含铀废水中的铀进行富集、浓缩或固定，使废水中的铀转移到小体积的液态或固态的承载物中并将其密封贮藏或深埋。其余大部分废水中的铀含量低于最大允许排放浓度后，将其排放到环境中进行稀释和扩散。迄今为止，国内外研究学者已经进行了大量的实验研究和生产实践，其处理方法主要可以分为物理化学法和生物法[20]。

1.2.1　含铀废水的物理化学处理技术

含铀废水的物理处理法主要包括吸附法、化学沉淀法、蒸发浓缩法、离子交换法和膜处理法等。

(1)吸附法是处理含铀废水最常见的一种方法，其基本原理是将吸附剂与含污废水混合，废水中的污染物被吸附到吸附剂表面从而得以去除。吸附又分为 3 种基本类型[21]：①物理吸附——依靠分子之间的范德华力产生的吸附作用；②化学吸附——依靠化学键之间的相互作用力引起的，具有一定的化学选择性；③交换吸附——依靠静电引力使带电离子吸附到带电吸附剂的表面。吸附法的主要优点包括：工艺简单，吸附剂种类丰富，来源广泛，价格低廉；材料制备简单；稳定性好，吸附效果佳。缺点是不适用于处理大批量废水[22]。

(2)化学沉淀法又可称为絮凝沉淀法，一般作为预处理工艺。通过向废水中投加的絮凝剂产生电中和、吸附架桥等物理化学作用形成大量大块沉淀，从而使废水中的铀得以去除[23]。化学沉淀法的优点包括：处理工艺简单，运行成本低；对大多数含有放射性的废水处理效果良好[24]。但是，操作条件较为严苛，受干扰因素较多且敏感，容易产生大量泥浆造成二次污染，其后一般需要其他工艺进行深度净化[25-26]。

（3）蒸发浓缩法是一种能够良好适用于含盐量高的中低浓度的含铀废水的处理方法[27]。其基本原理是将含铀废水放于蒸发装置中，利用铀元素难挥发的固有特性将含铀废水进行浓缩，冷凝回流水中的辐射量大大降低，含铀废水得以净化处理。该方法的优点是操作简单、净化效率高及能够处理高中低浓度的含铀废水。缺点是耗能量大，运行成本较高，设备易遭腐蚀，危险系数高[28]。

（4）离子交换法主要适用于浊度小、含盐量低的含铀废水。通常，含铀废水先经过化学沉淀法等操作，再向其中添加离子交换剂进行离子交换，更进一步降低废水中铀的浓度[29]。此方法的优点是设备简单，处理效率高。缺点是交换剂容量有限，对所处理的含铀废水要求较高，易受离子干扰，一般需经过预处理，具有良好稳定性的离子交换剂价格昂贵[30]。

（5）膜分离法主要包括电渗析、反渗透、超滤、纳滤、微滤、液膜分离等。膜分离可应用于液相和气相，促使分离的推动力分为两种：一是以化学位差作为推动力，物质由高向低流动；二是以外界能量作为推动力，物质由低向高流动[27]。膜分离法的优点是能量转化效率高，不发生相变转换，运行成本低；操作条件温和，维护简单；应用范围广，适应性强，分离效率高[31]。缺点是使用寿命短、膜材料选材与制备等方面存在问题较多[32]。

1.2.2　含铀废水的生物处理技术

生物法主要包括植物修复法和微生物处理法。

（1）植物修复法：指通过植物富集、植物提取、植物降解、植物挥发、植物根系过滤，植物稳定等方式对含铀废水进行回收或净化，这是一种经济有效的处理技术[33]。目前国内外用于植物修复的品种包括：乔木、灌木、草类，作物、水生植物等[34]。调节污染物在水体与植物系统中的迁移与转化是植物修复法的核心技术，所以能够影响植物体吸收积累污染物行为的条件因素均会影响到植物对铀污染环境的修复效率。在铀污染环境的修复过程中，水体化学特性、植物种类及根系微生物均是影响植物修复的主要因素[35-39]。植物修复法的优点是具有较高的环境经济效益、处理成本低廉。缺点是处理周期较长，且修复后的植物需进行二次处理，易产生二次污染。

（2）微生物处理法：一种处理含铀废水的新技术。1991 年，Nature 杂志公布了一篇揭示某些细菌能够将 U(Ⅵ)还原为 U(Ⅳ)的文章，从此进入了铀-微生物作用的新时代[37]。微生物对含铀废水的净化机理主要分为两类：微生物还原和微生物吸附，前者主要依靠还原菌通过氧化还原反应调节含铀废水中铀的固定和沉淀[40]。后者的吸附机理又可以分为两种：一是以静电吸附和络合作用为主的非代谢性富集，属于被动吸附过程，具有快速、可逆、不依赖于能量支撑；二是以酶促作用和无机微沉淀为主的代谢性富集，属于主动吸附过程，其特点是不可逆且与细胞代谢有关[41]。通常，可用来微生物处理的微生物种类为：酵母菌、藻类、霉菌、硫酸盐还原菌及非活性生物[42]。影响微生物处理含铀废水的因素有很多，如 pH、氧气、温度等，在实际操作过程中要根据实际情况选择合适菌群，优化环境条件使微生物发挥最大效能[43]。该方法的优点是对环境影响小、细菌来源广泛、成本低、工艺简单。缺点是易造成二次污染。

1.2.3 各类技术在含铀废水处理中存在的一些问题

在当今能源紧缺的情况下，核能作为一种清洁、环保和安全的能源，关系着人类社会的发展。目前，含铀废水的去除方法主要包括化学沉淀法、吸附法、离子交换法和膜技术等。以上方法具有使用范围广、去除效率高、反应速度快及选择性分离等优势，但存在能耗高、化学品消耗过大，产生大量有毒污泥和二次污染等缺陷[44]。因此，在将含铀废水排放到自然水体之前，迫切需要一种低能耗、无二次污染、可持续、经济有效的废水处理技术来处理含铀废水。

第 **2** 章

MFC 处理含铀废水

2.1 MFC 的研究简介及其对含铀废水的处理研究进展

2.1.1 微生物燃料电池的基本工作原理

微生物燃料电池(Microbial fuel cell, MFC)是一种可同时处理污/废水并产生电能的电化学装置,其具有高转化效率、运行过程中不产生二次污染和回收能源等特点,备受世界各国研究者关注[45-46]。MFC 的基本工作原理如图 2-1 所示,产电微生物在阳极电极表面生长,通过代谢活动氧化阳极室内的有机底物产生质子和电子,电子经过外接电路到达阴极电极上并产生电流,质子通过质子交换膜进入阴极室内,到达阴极室内的质子和电子或电子与电子受体结合,产生电化学反应[47]。MFC 通常选用氧气、铁氰化钾、高锰酸钾等作为阴极反应的电子受体[48-50]。在阳极室中,由于氧气可接受有机底物分解产生的电子而影响电子向阳极电极的传递,所以为保证电子能够顺利到达阳极电极表面而不是与氧气发生反应,阳极室内必须保持厌氧环境[51]。

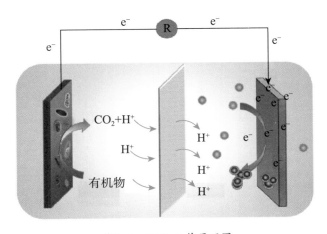

图 2-1 MFC 工作原理图

1. 微生物燃料电池的分类

MFC具有应用范围广、种类多样等特点，故有很多种分类方式，具体可分为以下几类：

1）按MFC的阴极是否具有生物活性可分为两类：非生物阴极型MFC和生物阴极型MFC。

2）按MFC反应器的装置结构可分为3类：单室MFC、双室MFC和"三合一"MFC。

3）按MFC阳极室中电子的转移方式可分为两类：直接型MFC和间接型MFC。

4）其余分类方式：产电微生物的种类（纯种菌或混合菌）、有无质子交换膜、电解质的固液形态。

2. 微生物燃料电池在废水处理中应用

MFC技术是一种具有远大前景的技术，该技术与一般的污水、废水处理方法有很大的不同。MFC技术可从污水、废水的处理过程中获得能量，并以电能或者氢气的形式输出，而且最主要的是不消耗能源[52]。通过相关文献调研得知，目前国内外已经有很多研究学者利用MFC进行实际废水处理的试验研究，并取得了良好的试验结果。温青等[53]以难以生物降解的化工废水作为阳极电解液，采用空气阴极构建单室MFC反应器，研究MFC系统对硝基苯酚的降解能力及伴随产电的性能。Ni等[54]构建了以制药废水为阴极电解液的双室MFC，考察了MFC的电能产出及MFC反应体系对有机污染物的去除能力。结果表明，该系统中对化学需氧量（Chemical oxygen demand，COD）的去除率可达到93.5%，最大功率密度达到175 mW/m^2。该方法与曝气生物滤池和厌氧消化处理方法相比较，处理后的出水中含有更少的芳烃类污染物，并且装置结构更简单。Min等[55]首次利用MFC对猪场废水进行降污处理同时监测产电性能，获得最大输出功率密度为261 mW/m^2，这比同期处理城市污水所得最大功率密度高出115.2 mW/m^2。Wen等[56]对酿酒厂排出的废水进行试验研究，构建空气阴极型单室MFC。考察结果表明，向电解液中添加磷酸缓冲液或是提高底物浓度均能改善MFC处理猪场废水的产电性能，最大输出功率密度可达到24.1 W/m^3。通过电化学分析可知，酒厂废水的电阻较低是获得较高电能输出的主要原因之一。除此之外，研究发现含有Cr^{6+}、Cu^{2+}、Ag^+、V^{5+}等的金属离子的废水也可作为阴极电解液（见表2-1），金属正价态通过获得阴极电子，发生沉淀反应而得到高效持续去除，故利用MFC来处理含重金属离子的废水具有很大的潜力。

表2-1　MFC处理金属废水

金属离子	MFC类型	反应机理	参考文献
Cr(Ⅵ)	双室MFC	$Cr_2O_7^{2-} + 14H^+ + 6e^- \rightarrow 2Cr^{3+} + 7H_2O$ $Cr^{3+} + 7H_2O \rightarrow Cr(OH)_3(s) + 6H^+ + H_2O$ $Cr_2O_7^{2-} + 8H^+ + 4e^- \rightarrow Cr_2O_3 + 4H_2O$	[57-61]
Cu(Ⅱ)	双室MFC	$Cu^{2+} + 2e^- \rightarrow Cu(s)$	[62-64]
Ag(Ⅰ)	双室MFC	$Ag^+ + e^- = Ag$	[65]

金属离子	MFC 类型	反应机理	参考文献
Hg(Ⅱ)	双室 MFC	$2Hg^{2+}(aq) + 2e^- \rightarrow Hg_2^{2+}(aq)$ $Hg_2^{2+}(aq) + 2e^- \rightarrow 2Hg(l)$ $Hg^{2+}(aq) + 2e^- \rightarrow Hg(l)$	[66]
V(Ⅴ)	双室 MFC	$VO_2^+ + 2H^+ + e^- \rightarrow VO^{2+} + H_2O$	[67]
Cd(Ⅱ)、Zn(Ⅱ)	单室 MFC	$Cd^{2+}(aq) + 2e^- \rightarrow Cd(s)$ $Zn^{2+}(aq) + 2e^- \rightarrow Zn(s)$	[68]

2.1.2 微生物燃料电池去除铀的研究进展

1. 微生物燃料电池去除铀的可行性分析

MFC 处理含铀(Ⅵ)废水是通过阴极半反应与阳极半反应之间相互促进、共同作用而实现的,阳极室中有机物得以降解的同时阴极室中的六价铀被还原。

含铀废水中的 U(Ⅵ)可作为 MFC 阴极的一种潜在的电子受体,因为其在接受电子时具有高的标准电位。电化学反应如下:

U 的氧化态的还原半反应电位如下[69]:

$$UO_2^{2+} + 4H^+ + 2e^- \rightarrow U^{4+} + 2H_2O + 0.267 \text{ V} \tag{2-1}$$

当采用葡萄糖作为电子供体时,葡萄糖在 pH=7.0 的氧化电位[11]如下:

$$6HCO_3^- + 30H^+ + 24e^- \rightarrow C_6H_{12}O_6 + 12H_2O - 0.411 \text{ V} \tag{2-2}$$

根据方程式(1)和方程式(2)可知,以葡萄糖为电子供体,U(Ⅵ)为电子受体,可计算出 MFC 的电动势:

$$E_{emf} = E_{ca}^0 - E_{an}^0 = 0.267 \text{ V} - (-0.411 \text{ V}) = +0.678 \text{ V} \tag{2-3}$$

该电动势高于阳极室中 NADH/NAD$^+$ 的氧化还原电位(大约-320.0 mV),理论上 MFC 可以还原 U(Ⅵ)并同步产生电能。

2. 微生物燃料电池对铀的去除

此外,Gregory 等[70]研究发现放置在铀污染沉积物流动柱中的电极容易从地下水中去除 U(Ⅵ),电极材料被从沉积物中取出后,电极表面可回收 87% 已被去除的铀。Ankisha Vijay 等[71]构建了生物阴极型双室 MFC 处理含铀废水,在 MFC 阴极电极表面上的反硝化细菌联合产生磷酸酶,催化无机磷酸盐的控制释放,生成的无机磷酸盐与 U(Ⅵ)结合,形成不溶性磷酸铀酰盐。添加在生物阴极中的 90% 的初始 U(Ⅵ)可以作为铀磷酸盐回收。硝酸盐在阴极室中充当电子受体,从而完成了 MFC 产电并同时去除了硝酸盐和 U(Ⅵ)。输出的最大功率功率密度为 2.91 W/m³,硝酸盐去除率为 0.130 kg $NO_3^-N/(m^3 \cdot d^{-1})$。因此,利用 MFC 处理含铀废水具有很大的研究潜力,特别是如何长期保持高效的处理含铀废水中的铀离子。此外,利用 MFC 处理含铀废水的机理尚未完全得到充分研究。

2.2　MFC 不同阴极材料对铀的去除

对于 MFC 来说，阴极电极是阴极室内发生反应的主要区域，特别是阴极电极材料本身，它直接关系着电子传递效率，电极内阻和反应物接受电子发生反应的速率。因此，为了实现微生物燃料电池高效除铀及同步获得高能生物电，阴极电极材料的筛选也至关重要。

本节主要研究内容是考察 5 种电极材料（铁片、不锈钢网、泡沫镍、碳纸、碳刷）对 MFC 阴极处理溶液中铀效能的影响。试验选用阳极已经启动成功的 5 组双室 MFC 反应器，以铁片、碳纸、不锈钢网、泡沫镍、碳刷 5 种材料分别作为阴极电极进行试验。首先，设计不同碳源和不同阴极室内初始铀浓度等条件试验，考察每种电极材料在不同条件下 MFC 所表现出的性能及最佳运行条件；其次，从阴极室内铀（Ⅵ）去除率、阳极室内 COD 降解率、极化曲线、功率密度曲线、电化学阻抗能谱、线性扫描伏安曲线、周期电压及 MFC 稳定性多方面评价不同电极材料之间的性能差异；最后，通过电极表征进一步分析电极实效，得出上述 5 种电极材料中最佳电极材料。

2.2.1　5 种阴极电极材料下 MFC 体系除铀及产电能力分析

1.5 种 MFC 体系的启动结果

以铁氰化钾作为 MFCs 启动期间的阴极电解液，阳极室内营养液的初始 COD 浓度为 500 mg/L，外接 1000 Ω 的固定电阻。5 组双室 MFCs 启动成功后一个周期的电压变化情况如图 2-2(a) 所示，5 组 MFCs 电压变化趋势相同，最高电压稳定在 0.55 V 左右。在 MFC 达到最高稳定电压时，使用电化学工作站对其进行极化扫描和阻抗测试，可以得到极化曲线，经过计算得出功率密度曲线，结果如图 2-2(b) 所示。由极化曲线和功率密度曲线可知，开路电压为 0.7 V 左右，内阻值分别为 $R_{铁片}=454.74\ \Omega$、$R_{碳纸}=296.06\ \Omega$、$R_{不锈钢网}=469.94\ \Omega$、$R_{泡沫镍}=371.38\ \Omega$、$R_{碳刷}=223.23\ \Omega$，最大功率密度分别为 $P_{铁片}=117.1\ mW/m^2$、$P_{碳纸}=339.58\ mW/m^2$、$P_{不锈钢网}=105.00\ mW/m^2$、$P_{泡沫镍}=288.36\ mW/m^2$、$P_{碳刷}=453.76\ mW/m^2$，对比可知，MFC 体系的内阻与电能输出存在阳极营养液相关性，电池产电性能随着内阻的增加而减低。由阻抗能谱图（图 2-2(d)）可知，5 组 MFCs 的欧姆内阻相差不大，但以铁片和不锈钢网作为阴极电极的 MFCs 活化内阻明显大于其他 3 组 MFCs 的活化内阻，故 MFC 本身的活化内阻是影响电池产电的主要原因之一。在 MFCs 运行 96 h 后，5 组 MFCs 阳极室内 COD 去除率最高可达 88.0%，最低为 82.4%，结果如图 2-2(c) 所示，研究发现阳极 COD 的消耗受阴极电极影响较小。从启动阶段看来，以碳纸、泡沫镍、碳刷作为阴极电极的 MFCs 所表现出来的电化学性能明显优于以铁片和不锈钢网作为阴极电极的 MFC，其主要原因可能是：试验启动阶段，在阳极底物和阴极电子受体充足的情况下，电极材料是影响电池效能的首要因素，而铁片与不锈钢网表面存在钝化现象，导致材料整体的电子传导率劣于其他 3 种材料。

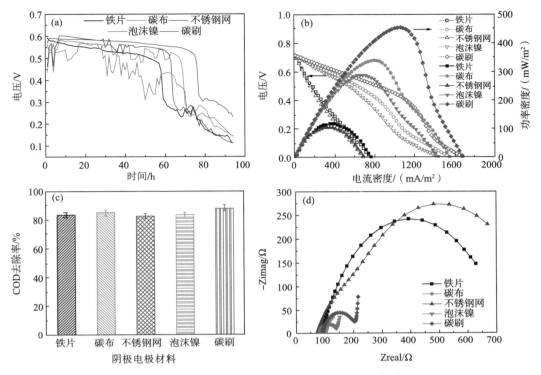

图 2-2　5 种不同阴极材料形成不同 MPC 时的性能对比:
(a) 5 组 MFCs 电压随时间变化曲线; (b) 5 组 MFCs 极化曲线和功率密度曲线;
(c) 5 组 MFCs 阳极 COD 去除率; (d) 5 组 MFCs 阻抗能谱(EIS)

　　启动结束后, 更换阴极电解液, 将铁氰化钾溶液抽出, 反复清洗阴极室直至干净后, 注入含 10.0 mg/L, pH = 2.0 的提前配置的铀溶液进行间歇式正式试验, 阳极 COD = 500.0 mg/L, 外电阻 $R = 1000\ \Omega$, 除特殊说明外, 本章试验研究均采用上述参数。加入铀溶液一个周期之后, 5 组 MFCs 电压采集数据如图 2-3(a)所示, 以铁片和不锈钢网作为阴极电极的 MFCs 输出电压较低, 以碳刷作为阴极电极的 MFC 输出电压最高可达 0.258 V, 稳定电压为 0.19 V, 且 MFC 运行 85 h 后, 其他 4 组电压均下降到 0.05 mV 以下, 以碳刷为阴极电极的输出电压仍然稳定在 0.195 V, 测得稳定期的极化曲线和功率密度曲线如图 2-3(b)所示, 5 组 MFCs 中电能输出最高的为碳刷作为阴极电极的 MFC, 最大功率密度为 82.6 mW/m², 其产电效能是以泡沫镍作为阴极电极的 14.5 倍, 其原因可能是碳刷具有较大的电子承载空间, 能够有效接收并保存更多阳极有机物氧化产生的电子。5 组 MFCs 稳定运行期间的阻抗能谱如图 2-3(c)所示, 更换阴极电解液后, 5 组 MFCs 的内阻均发生变化且变化趋势相同, 其原因是 MFC 体系中电子受体被改变。以铁片和不锈钢网作为阴极电极的 MFCs 的活化内阻仍大于其他 3 组 MFCs 的活化内阻, 与启动期间保持一致。此外, 这种现象与线性伏安扫描曲线结果相符合, 从图 2-3(d)可知, 泡沫镍、碳刷和碳纸作为阴极电极的 MFC 在电极表面表现出更好的氧化还原活性, 更容易发生氧化还原反应。

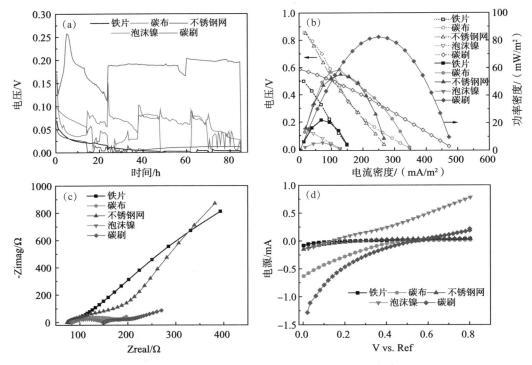

图 2-3　5 种阴极形成 MFC 处理含铀废水时的性能对比：
（a）5 组 MFCs 电压随时间变化曲线；（b）5 组 MFCs 极化曲线和功率密度曲线；
（c）5 组 MFCs 阻抗能谱（EIS）；（d）5 组 MFCs 线性扫描伏安曲线（LSV）

2. 碳源对 5 种 MFC 体系效能的影响

阳极底物是直接影响产电微生物活性的主要因素之一，进而影响着 MFC 系统的整体性能。由于阳极室内电子的产生主要是依靠产电微生物氧化分解有机物，阳极底物本身直接关系着电子的产生量。在 MFC 稳定运行期间，阳极底物是阳极产电微生物持续增长繁殖的关键性因素；同时，产电微生物的生长繁殖及新陈代谢将一直影响着 MFC 系统电能的输出，故选择合适的阳极底物对 MFC 产电性能、污染物去除效率及长期高效稳定运行具有重要的意义。

本研究通过改变 MFC 阳极营养液中碳源的种类，探究阳极底物对 5 组 MFCs 去除铀及产电的影响。试验选择两种不同碳源：葡糖糖和乙酸钠。试验过程中每隔 12 h 取阴极电解液进行铀浓度检测，在该周期试验开始 4 h 后进行极化曲线的测定及试验结束后对阳极 COD 浓度进行测定，结果如图 2-4 所示。

在阳极底物种类不同的条件下，MFC 的阴极室内铀（Ⅵ）去除情况如图 2-4（a）和图 2-4（b）所示，相比可知，以乙酸钠作为阳极底物能够获得更好的除铀效果，且所需运行时间更短。试验开始 12 h 后，以乙酸钠作为阳极底物的 MFCs 阴极室内铀去除率分别为 77.2%、89.1%、87.0%、96.8%、69.6%，其结果均优于在同等条件下以葡萄糖作为阳极底物的 MFCs 阴极室内的除铀效果 48.6%、55.9%、60.1%、66.4%、50.8%，其原因可能是微生物氧化分解等量的乙酸钠（以 COD 浓度计算）产生的电子量多于葡萄

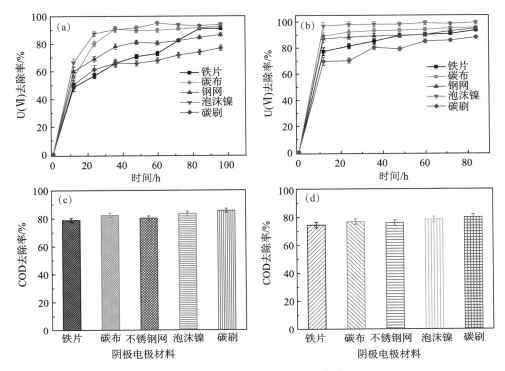

图 2-4　不同碳源时 5 种 MFC 性能对比：
（a）以葡萄糖为阳极碳源时阴极室内铀（Ⅵ）去除率随时间变化曲线；
（b）以乙酸钠为阳极碳源时阴极室内铀（Ⅵ）去除率随时间变化曲线；
（c）以葡萄糖为阳极碳源时 5 组 MFCs 阳极 COD 去除率；
（d）以乙酸钠为阳极碳源时 5 组 MFCs 阳极 COD 去除率

糖氧化分解产生的电子量，阳极产生的电子越多，电子传递到阴极电极上的概率高，阴极电解液中铀越容易被去除。一个运行周期结束后，阳极室内 COD 去除率见图 2-4（c）和图 2-4（d），COD 去除率受其底物影响较小，但以葡萄糖为阳极碳源比乙酸钠作为阳极碳源表现出更好的有机物降解效率，原因可能是葡萄糖的分子结构比乙酸钠较为简单，更容易被微生物分解、消耗与吸收。

　　为了探究阳极碳源对电池产电能力的影响，绘制图 2-5（a）和图 2-5（b），从图中可以看出，在不同碳源情况下，其最大输出功率分别为：22.2 mW/m²、58.7 mW/m²、55.3 mW/m²、5.7 mW/m²、82.6 mW/m²（葡萄糖作碳源），24.7 mW/m²、84.2 mW/m²、81.8 mW/m²、7.2 mW/m²、85.2 mW/m²（乙酸钠作碳源），由此可见，其他条件相同的情况下（阳极 COD = 500 mg/L，阴极 pH = 2.0，阴极初始铀浓度为 10 mg/L，外电阻 $R = 1000\ \Omega$），以乙酸钠作为阳极底物的 MFCs 表现出较高的开路电压及较高的最大功率密度，这一结果与孔晓英等[72]研究结果一致，在六碳糖中，随着有机底物分子量的增加，电池输出的最大功率密度降低。另外，葡萄糖和乙酸钠作为阳极底物对于以碳刷、铁片和泡沫镍作为阴极电极的 MFCs 产电性能影响较小，而以碳纸和不锈钢网作为阴极电极的 MFCs 产电性能受其影响较大，导致该现象的原因可能是在该电化学测试时，选取的时间段内电池所处的运行状态略有差异，导致测试、计算结果出现相应的数据偏差。

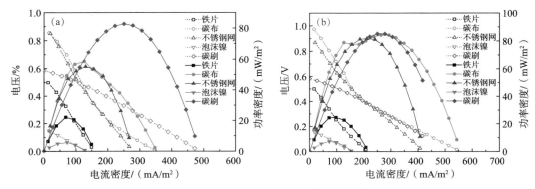

图 2-5　不同碳源时 5 种 MFC 产电性能对比：

（a）以葡萄糖为阳极碳源时 5 组电池的极化曲线和功率密度曲线；

（b）以乙酸钠为阳极碳源时 5 组电池的极化曲线和功率密度曲线

3. 初始铀浓度对 5 种 MFC 体系效能的影响

通过改变 5 组 MFCs 中阴极室内铀溶液的初始浓度，考察初始 U（Ⅵ）浓度对 5 组 MFCs 阴极处理铀溶液的能力及产电的影响。试验探究了 3 种不同的初始 U（Ⅵ）浓度梯度（5 mg/L、10 mg/L、15 mg/L）。每个反应器在 3 种初始 U（Ⅵ）浓度梯度的情况下循环运行 3 次，每次运行时长均为 96 h，一周期结束后，更换阴极电解液。试验过程中，反应器运行 4 h 后，测取 5 组 MFCs 极化曲线、功率密度曲线，考察 5 组电池的内阻情况及输出的最大功率密度情况，并按每个 12 h 的时间间隔抽取阴极电解液进行铀浓度检测。

在阴极室内初始铀浓度不同的条件下，5 组不同阴极电极的 MFCs 极化曲线和功率密度曲线如图 2-6 所示。

由图 2-6（a）、图 2-6（b）、图 2-6（e）可知，以铁片、碳纸、碳刷为阴极电极构建的 MFCs，随着阴极室内初始铀浓度的增加，电池的开路电压和最大功率密度也随之增加。其中，以碳纸、碳刷为阴极电极的两组 MFCs 在初始铀浓度为 15 mg/L 的条件下，最大输出功率密度分别为 98.6 mW/m² 和 90.6 mW/m²，开路电压分别为 1.06 V 和 0.577 V。而以铁片为阴极电极的 MFC 在相同条件下最大输出功率仅为 22.9 mW/m²，开路电压为 0.462 V，这说明电极材料中存在碳元素有助于电池产生较高的放电性能，且碳含量越高，越有利于电池输出较高的电能。由图 2-6（c）可知，在本试验研究中，以不锈钢网作为阴极电极的 MFC 在初始铀浓度为 10.0 mg/L 时表现出较好的产电性能，随着初始铀浓度（15 mg/L）的提高，电池的产电能力下降了 14.8 mW/m²，这表明不锈钢网作为 MFC 的阴极电极不宜处理铀浓度较高的溶液，其原因可能是电极本身的比表面积较小且网状结构限制了电子的传递效率。以泡沫镍为阴极电极的 MFC 的产电情况与以上 4 种电极均不同，极化曲线和功率密度曲线如图 2-6（d）所示，随着初始铀浓度的提高，电池的产电能力依次下降，且最大功率密度仅为 6.2 mW/m²，远小于其他 4 组 MFCs，其原因可能是随着周期试验的反复进行，阴极泡沫镍电极不断损耗，阴极电极的有效工作面积不断减小，导致 MFC 整体效能降低。

3 个运行周期结束后，5 组 MFCs 的铀去除情况如图 2-7 所示，由图可知，以碳刷

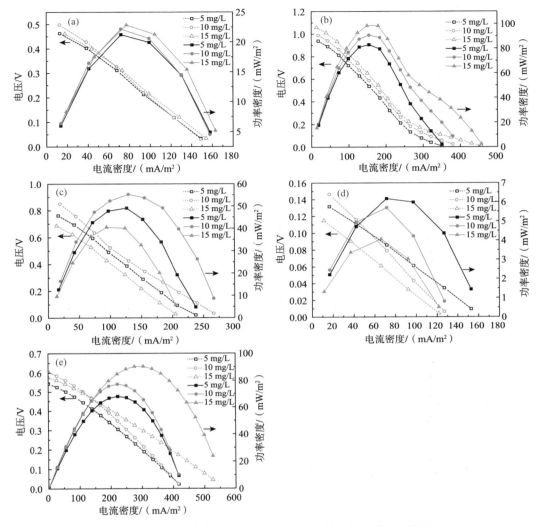

图 2-6　初始铀浓度在 5 种不同阴极电极下对 MFC 产电的影响：
（a）铁片作为阴极电极；（b）碳纸作为阴极电极；（c）不锈钢网作为阴极电极；
（d）泡沫镍作为阴极电极；（e）碳刷作为阴极电极

作为阴极电极的 MFC 的除铀（Ⅵ）效果明显低于其他 4 组。随着初始铀浓度的提高，铀去除率依次下降。在初始浓度为 15 mg/L 时，电池对铀的去除率仅为 67%，而其他 4 组电池在相同情况下的去除率均为 97% 以上。此外，以碳刷为阴极电极的 MFC 的除铀效率受初始铀浓度的影响均大于其他 4 组 MFCs，这可能与碳刷电极本身有关。产生该现象的原因可能是：碳刷相对于其余 4 种电极材料，具有较大的电子承载能力，即材料本身有效体积的利用率较高。这使得碳刷本身会存储大量电子，导致 MFC 的阴极电极的绝对电势将逐渐升高。当阴极电势升高到一定临界点时，H^+ 会直接接收阴极电极上的电子而产生 H_2。这导致阴极电解液中的 H^+ 减少，U（Ⅵ）的还原受限，电池的除铀效率变低。

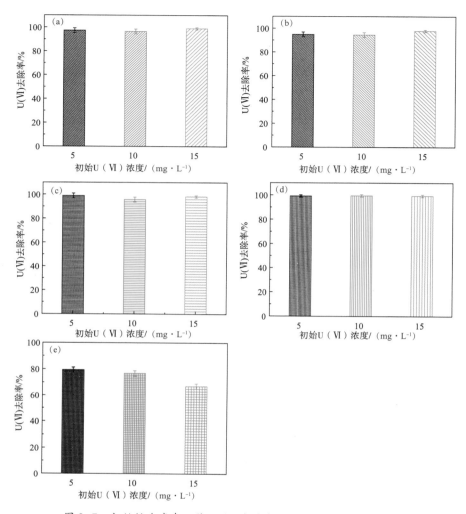

图 2-7 初始铀浓度在 5 种不同阴极电极下对 MFCs 除铀的影响：
（a）铁片作为阴极电极；（b）碳纸作为阴极电极；（c）不锈钢网作为阴极电极；
（d）泡沫镍作为阴极电极；（e）碳刷作为阴极电极

2.2.2 5 种阴极电极材料下 MFC 体系稳定性的比较分析

通过 5 组电池多个运行周期的稳定性及高效性评估 5 种电极材料的优劣，每个运行周期结束后，同时更换 5 组电池的阳极营养液和阴极含铀溶液。5 组 MFCs 在 5 次连续运行后，其测试结果如图 2-8 所示。图 2-8(a) 展示了 5 组电池 5 个连续运行周期的电压，从图中可以看出，以碳刷作为阴极电极的 MFC 的输出电压最大且最为稳定，能够输出的稳定电压约为 190 mV。其次是碳纸为阴极电极的 MFC，其输出的稳定电压大约为 100 mV，以泡沫镍为阴极电极的 MFC 能够输出的最大电压与碳纸相同，但稳定性较差。而以铁片和不锈钢网为阴极电极的 MFCs，最大输出电压均在 20 mV 以下。从 5 组电池输出电压的情况来看，碳刷为阴极电极构成的 MFC 阴极在处理溶液中铀的过程中电压输出最佳。

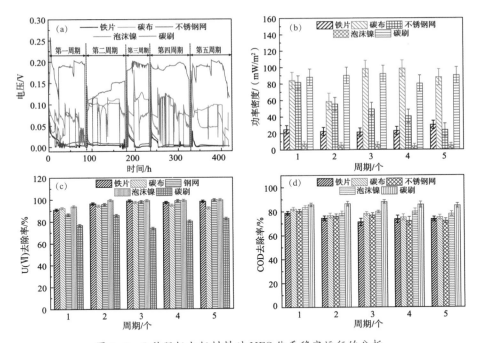

图 2-8　5 种阴极电极材料对 MFC 体系稳定运行的分析：
（a）时间-电压曲线；（b）最大输出功率密度；（c）铀去除率；（d）COD 去除率

由图 2-8（b）可知，以碳刷和碳纸为阴极电极的两组 MFCs 能够输的最大功率密度较高，其平均值分别为 88 mW/m^2 和 85 mW/m^2，其中碳刷的产电作为稳定，输出的最大功率密度均保持在 80 mW/m^2 以上。以不锈钢网作为阴极电极的 MFC 在连续运行的 5 个周期内产电能力不断下降，输出的最大功率密度由 81.8 mW/m^2 下降到 23.8 mW/m^2，平均每个周期下降 14.5 mW/m^2。而以铁片和泡沫镍为阴极电极的 MFCs 每个周期输出的最大功率密度分别为 30.0 mW/m^2 和 6.2 mW/m^2，仅为以碳刷为阴极电极的 MFC 输出最大功率密度的 32.6% 和 6.7%。根据图 2-8（c）可知，由泡沫镍构成的 MFC 体系对 U（Ⅵ）的去除保持了高效性，其次是以铁片和不锈钢网为阴极电极的 MFCs，其中以不锈钢网为阴极电极的 MFC 对 U（Ⅵ）的去除呈现先上升再趋于稳定。对于以碳纸作为阴极电极的 MFC 体系而言，经历了上升的 U（Ⅵ）去除效果后，开始呈现效能下降的趋势。碳刷作为阴极电极构成的 MFC 对 U（Ⅵ）的去除效果欠佳且波动性较大。从图 2-8（d）可知，阳极 COD 去除效果（以阴极电极材料比较）：碳刷>泡沫镍>碳纸>不锈钢网>铁片。其中碳刷的 COD 去除作为稳定，COD 去除率在考察周期内均保持在 80% 以上。其他 4 组电池对阳极 COD 的去除率均表现为第一个周期去除效果最佳，其余 4 个周期 COD 去除稍有波动，但去除效果仍未超过第一个周期的 COD 去除效果。

通过图 2-8 可知，以碳刷作为阴极电极的 MFC 具有稳定的电压输出、功率输出及较好的 COD 去除率，但电池对铀的去除效率较低。以泡沫镍作为阴极电极的 MFC 具有最好的除铀效果，但功率输出性能较差，电压输出不稳定，并且电极易损坏，无法长期使用。以碳纸作为阴极电极同时具有较好的功率输出能力和除铀效果，但输出电压较低，同时具有与泡沫镍相同的易碎缺陷。以铁片和不锈钢网作为阴极电极，电池均表现出较差的电压输出、功率输出及 COD 去除能力。

2.2.3 5 种阴极电极的表征分析

1. 电极表面形貌及元素分布分析

为了更为直观的比较 5 种电极材料的性能差异，采用扫描电镜对 5 种电极材料进行形貌观察，主要包括 5 种电极材料使用前后的形貌(SEM)对比、使用后材料表面铀元素的分布(Mapping)及各元素的含量分析(EDS)，结果如图 2-9 所示。空白铁片(图 2-9(a'))表面相对较为平坦，局部位置稍有凸起。根据图 2-9(a'')可知，使用后的铁片表面附有类似圆形的片状沉淀物，最大直径约为 7 μm 左右。从空白碳纸的形貌可知(图 2-9(b'))，碳纸是由排布不规则的碳纤维制成，且碳纸表面存在很多空洞，该结构有利于沉淀物的生成。从图 2-9(b'')可看出，碳纸表面的沉积物以片状体形式进行分布，形状与铁片表面的沉淀物相似，但大小较为均匀。空白不锈钢网(图 2-9(c'))表面沿钢丝的轴向方向具有细小沟壑，细小的沟壑有助于沉淀物的附着。使用后的不锈钢网如图 2-9(c'')所示，与前两个电极材料不同，不锈钢网表面被一些团簇形状的物质不均匀包裹，且这些物质中还包裹着具有片状结构的物质，其最大直径在 10 μm 以上。对于空白泡沫镍而言(图 2-9(d'))，其微表面呈现出良好的三维立体结构，由图 2-9(d'')可以看出，泡沫镍在使用前后的表面形貌具有很大差异，其骨架上均匀地包裹了一层沉淀物，该物质呈现出无序堆积的片状结构，且分布情况相互交错，形成不规则空隙。空白碳刷(图 2-9(e'))表面附有少量灰尘杂质，但整体较为平滑。使用后的碳刷表面(图 2-9(e''))也可明显看出有沉淀物生成，形状呈片状。根据 Mapping 对铀元素的扫描结果可以看出，5 个电极表面均可检测出铀元素，其中泡沫镍(图 2-9(d'''))电极上的铀元素扫描最为明显。这种现象与图 2-8(c)所呈现的结果相吻合。

2. 电极表面元素含量分析

EDS 元素扫描结果表明(图 2-10)，使用后的 5 种电极表面均含有不同程度的铀成分。如图 2-10(a)、图 2-10(b)所示，铁片和不锈钢网的 EDS 能谱主要呈现出 Fe 和 Cr，因其是电极材料本身的元素组成。同时，使用后的铁片和不锈钢网表面铀含量的检测结果明显偏低，其原因可能是由于电极材料表面相对光滑，生成物不易在其表面附着，或是当附着到一定程度时，由于水力剪切作用而脱落。另外，其他元素(Al、C 等)的存在可能与电极材料本身所含杂质有关。

碳刷电极的分析结果，如图 2-10(e)所示。与上诉两种电极材料的情况相似，除了碳刷自身含有的 C、Si 等元素以外，电极表面同样能够检测出微量的铀。碳纸表面检测出的铀含量明显高于碳刷，其原因是碳纸表面存在类似沟壑状的微结构更有利于沉淀物的附着。而对于泡沫镍电极而言，其表面检测出的铀含量明显高于其他 4 种电极，这与图 2-9 中 Mapping 的扫描结果相一致，这种现象的产生可能与泡沫镍表面的三维立体结构有关，在 MFC 运行中，阴极室内反应产生的生成物易在泡沫镍表面沉积，随着周期试验的持续进行，沉淀物越积越多；同时由于泡沫镍本身特殊的材质及结构，沉淀物难于从泡沫镍表面脱落，结果如图 2-9(d'')所示。综上，泡沫镍在铀去除方面表现出更好的性能。

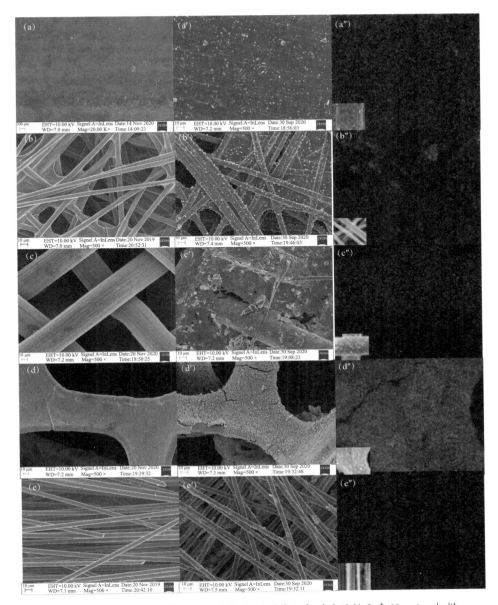

图 2-9　5 种阴极电极材料使用前后的 SEM 图像及相对应的铀元素 Mapping 扫描：
（a）铁片；（b）碳纸；（c）不锈钢网；（d）泡沫镍；（e）碳刷

3. 电极表面元素的价态分析

本书采用 XPS（图 2-11）对 5 种电极材料表面进行了分析。如总体扫描图谱所示，每种电极材料表面均存在铀元素，碳刷表面的铀的含量最低，泡沫镍表面的铀的含量相对较高。该结果与 EDS 能谱分析结果相一致。由图 2-11（a″）、图 2-11（d″）可知，铁片和泡沫镍表面沉积物的结合能分别为 380. 303 eV[73]、382. 033 eV[74]、382. 451 eV[75] 和 382. 001 eV[74]，其均被分析为 U（Ⅳ）。说明阴极室中 U（Ⅵ）可以被还原到 U（Ⅳ）而得以去除，而对于碳纸、不锈钢网和碳刷而言（分别对应图 2-10（b″）、图 2-10（c″）、

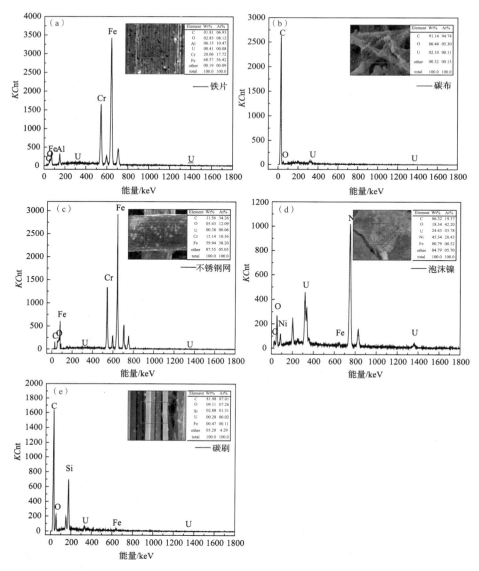

图 2-10　5 种阴极电极材料的 EDS 能谱分析：

（a）铁片；（b）碳纸；（c）不锈钢网；（d）泡沫镍；（e）碳刷

图 2-10（e″）），除了 U（Ⅳ）被分析出来以外，还能发现 U（Ⅵ）的存在，产生这种结果的原因可能是：在 MFC 运行过程中，阳极产生的电子不断向阴极电极上转移，使阴极电极上带有阳极营养液电性，这恰恰能够吸引阴极室内带有两个正电荷的铀酰离子向其表面移动，但由于电极材料本身阻力的不同，导致铀酰离子中的六价铀无法完全接收电极上的电子，即部分六价铀无法被还原成四价铀，而其仅仅是因为静电力而吸附在阴极电极表面。由此说明阴极电解液中的六价铀可以通过以下两种方式得以去除：①利用 MFC 体系的电子转移特性在阴极电极表面发生电化学反应，将六价铀还原成四价铀而得以去除；②利用静电力和物理作用使六价铀吸附在电极表面，进而把六价铀从阴极电解液中分离出来。

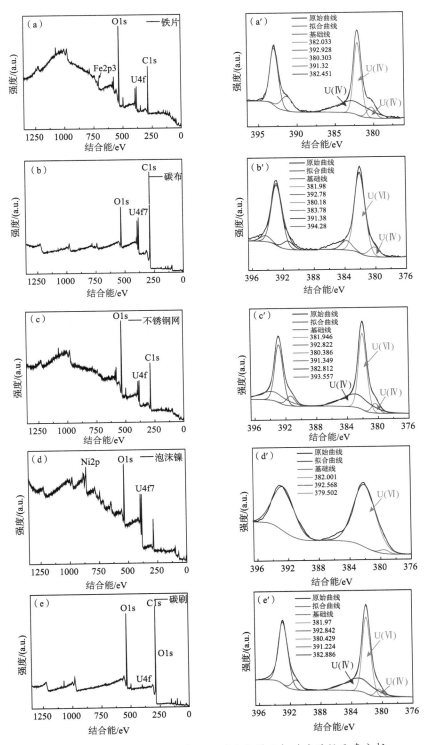

图 2-11 5 种阴极电极材料 XPS 测试全谱及相对应的铀元素分析：
（a）铁片；（b）碳纸；（c）不锈钢网；（d）泡沫镍；（e）碳刷

2.3　甘氨酸-盐酸缓冲液提升 MFC 对含铀废水的处理

以碳和硅作为基础原料的碳刷具备良好的电子传导能力、韧性、耐腐蚀性等优点，能够满足双室微生物燃料电池对阴极电极材料的要求，并且材料来源广泛，廉价易得。在前面的研究基础上可以发现：碳刷作为阴极电极，MFC 体系呈现出较好的产电性能，电池能够长期输出稳定电压，且输出的最大功率密度较高，但是该 MFC 阴极对溶液中铀的去除效果较低，还需进一步提高。

本节选用碳刷作为阴极电极材料，主要目的是进一步增强 MFC 体系的整体效能，提高阴极电解液中 U(Ⅵ) 的还原效率，改善双室微生物燃料电池的生物产电性能。本节主要是通过构建以碳刷为阴极电极材料的双室微生物燃料电池，考察以下几点主要内容：①考察阴极电解液的最适 pH 及 MFC 运行过程中阴极 pH 的变化，添加甘氨酸-盐酸缓冲液对 MFCs 的影响；②考察在阴极电解液中添加缓冲液的情况下，初始铀浓度、初始阳极 COD 浓度，外电阻对 MFC 体系的影响；③对比有无缓冲液下，MFCs 稳定性及效能的差异；④探索 U(Ⅵ) 在 MFC 阴极室中的转化机理。

2.3.1　pH 对 MFC 阴极除铀的影响

当阳极液中初始 COD 浓度（500.0 mg/L）、阴极电解液中 U(Ⅵ) 初始浓度（10.0 mg/L）和外接电阻（$R = 1000\ \Omega$）等条件均保持不变时，调节 MFC 阴极电解液不同初始 pH（2.0、4.0、6.0、8.0），开展双室微生物燃料电池阴极净化溶液中铀的效能试验。图 2-12 显示了阴极电解液在不同初始 pH 下 MFC 除铀性能的结果。由于 U(Ⅵ) 在不同的 pH 下具有不同的沉降特性，因此进行了烧杯测试，并将结果写为"pH 影响"（图 2-12(a)）。微生物燃料电池阴极对 U(Ⅵ) 的去除率分别为 76.3%（pH = 2.0），40.8%（pH = 4.0），42.3%（pH = 6.0）和 39.5%（pH = 8.0）。通常，由于反酸作用，来自铀尾矿库的含铀废水具有较低的 pH[76]，故 MFC 技术对该类含铀废水具有极好的去除优势。从图 2-12(b) 中可知，阴极室的 pH 在反应前 36.0 h 内变化较大，最后均稳定在 8.0 左右。对于铀去除过程中阴极电解液 pH 不断升高的现象，方程式（2-1）或许可以解释，即 1.0 mol UO_2^{2+} 需要消耗 4.0 mol H^+，故该铀酰离子的高效去除可能强依赖于低 pH 的保持，较低的 pH 对反应的进行更有利。Wang 等[77] 发现在双室 MFC 中高 pH 对阴极电势有明显的影响，随 pH 从 7.0 降低到 2.0，阴极电势从 0.52 V 增长到 0.64 V，最大功率密度从 75 mW/m² 增长到 133 mW/m²。pH 对产电性能和阴极还原的影响主要是基于 H^+ 浓度的变化[78]。此外，已有研究表明阴极金属还原速率与电流正相关，降低阴极电解液 pH 可以提高外电路电流，进一步促进阴极的还原反应[79]。

2.3.2　甘氨酸-盐酸缓冲液对 MFC 体系效能的改善

为了进一步研究 pH 对 MFC 体系效能的影响，本试验提出在双室型 MFCs 阴极室中加入缓冲液用以缓解 pH 的变化。通过 pH 条件试验可知，阴极电解液在维持酸性条件

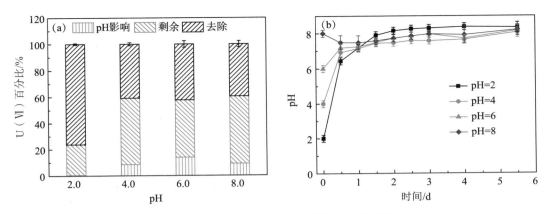

图 2-12 阴极电解液 pH 对 U(VI) 去除的影响:

(a) 不同初始 pH 的阴极电解液中 U(VI) 变化的比例; (b) 阴极电解液中 pH 随时间的变化

下(pH=2.0),MFC 表现出更好的电化学除铀能力,故试验选择能够满足 pH=2.0 的缓冲液—甘氨酸-盐酸缓冲液。通过向含铀溶液中添加 0.05 mol/L 甘氨酸-盐酸缓冲液(pH=2.0,以下试验所指甘氨酸-盐酸缓冲液 pH 均为 2.0,浓度均为 0.05 mol/L),阴极室内 U(VI) 的去除率得到显著提高(图 2-13(a))。一个周期后,U(VI) 的去除率从 76.8% 增加到 99.1%。同时,阴极电解液中 pH 的变化幅度明显减小(阴极电解液的 pH 仅从 2.0 升高到 3.3)。此外,MFC 的最大输出功率也大大提高了图(2-13(b))。最大输出功率从(82.6±10.0) mW/m² 增加到(125.7±10.0) mW/m²,提升率高达 52.1%。这项研究中发现的最大输出功率与相关研究中已报道的相似[44-66-80]。通过在其阴极电解液中添加缓冲液可以改善 MFC 的放电性能的发现与以前的文献[81-82]相似。此外,最大输出功率的增加与阴极电解液的 pH 有关。这种现象可以通过能斯特方程(2-4)来解释:

$$E = E_0 - \frac{RT}{nF}\ln\frac{[U^{4+}]}{[UO_2^{2+}][H^+]^4} \tag{2-4}$$

其中:E_0 是标准半电池的氧化还原电位;

R 为气体摩尔常数[8.314 48 J/(mol/K)];

T 是温度(K);

n 是交换的电子数;

F 是法拉第常数(96 485.3 C/mol)。

根据方程式(2-1)和方程式(2-4),MFC 的电压在很大程度上取决于 pH 和阴极室中 U(VI) 的初始浓度。通常,主要限制因素是固定铀浓度下的 pH。即溶液的 pH 是影响阴极电解液中 U(VI)电化学反应的首要主导因素。另外,当电阻(R)恒定时,电路中的电流随电压而增加。因此,更多的电子从阳极电极转移到阴极电极,U(VI) 的被还原率越高;即,在低 pH 条件下 MFC 体系产生更高的生物电且阴极室内铀去除率更高。如图 2-13(c)所示,通过添加甘氨酸-盐酸缓冲液,MFC 的欧姆电阻从 148.0 Ω 降低到 86.4 Ω,并且由于电化学极化现象产生的活化电阻也显著降低。另外,图 2-13(d)表明了在具有甘氨酸-盐酸缓冲液的阴极表现了更高的还原活性。因此,可以通过降低 MFC 的内部电阻并增加阴极氧化还原活性来实现电子和 H⁺ 与 U(VI) 之间的有效电化学反应。

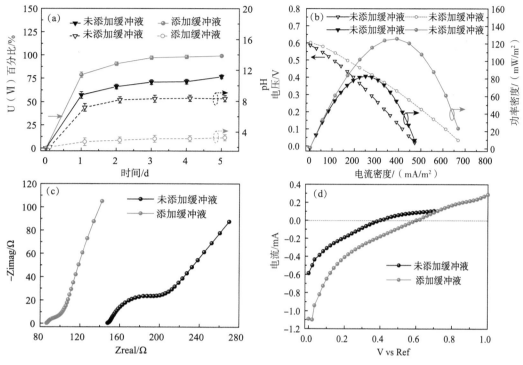

图 2-13　阴极缓冲液对 MFC 性能的影响：
（a）阴极室中 U（Ⅵ）去除率及 pH 随时间变化的曲线；（b）极化曲线和功率密度曲线；
（c）阻抗能谱的 Nyquist 图；（d）线性伏安扫描曲线

众所周知，与去离子水配制的阴极电解液相比，甘氨酸-盐酸缓冲液具有更强的质子化能力，溶液中产生 H⁺ 的能力更强。产生该现象的原因可能是由于阴极电解液中有两种相反的结构效应存在：一是由于甘氨酸分子破坏了水分子原有的稳定结构，使电解液比未加甘氨酸-盐酸缓冲液的阴极电解液的结构有所松散。另一方面 H⁺ 的释放受到甘氨酸和水分子之间氢键的影响。阴极电解液的结构也更加有序，促进了阴极电解液的解离[83]。综上，甘氨酸-盐酸缓冲液的作用主要是维持阴极室内 H⁺ 充足的反应环境。因此，在阴极电解液中添加甘氨酸-盐酸缓冲液以提高阴极室内 U（Ⅵ）的去除率。

2.3.3　运行参数对改善后 MFC 体系效能的影响

1. 初始铀浓度对 MFC 效能的影响

为考察阴极电解液中不同 U（Ⅵ）初始浓度对微生物燃料电池效能的影响，调整阴极电解液初始 pH 为 2.0、阳极液初始 COD 为 500.0 mg/L 和外接阳极营养液载 R 为 1000 Ω，设置阴极电解液中 U（Ⅵ）初始浓度分别为 5.0、10、15、20.0 mg/L。图 2-14 显示了在阴极电解液中不同初始 U（Ⅵ）浓度下 MFC 整体效能的结果。如图 2.14（a）所示，双室 MFC 阴极对铀离子的去除主要集中在 MFC 开始运行的前 24 h。在前 24 h 里，阴极室内铀离子的去除率可分别达到 61.90%、79.17%、84.92%、88.69%。这可能是由于在反应初期阳极含有充足的微生物所需的碳源以及阴极电解液中含有量游离的 H^+，碳源分解产生的大量的电子和氢离子参与反应。在一个运行结束时，阴极室内的去除率分别达到 98.1%，98.9%，99.1% 和 99.3%。U(Ⅵ)离子的高效去除进一步表明了甘氨酸-盐酸缓冲液在阴极电解液中起到了重大作用。从图 2.14(b)可以看出，当初始 U(Ⅵ)浓度从 5.0 mg/L 增加到 20.0 mg/L 时，MFC 的最大输出功率从 (124.9 ± 10.0) mW/m² 至 (269.5 ± 20.0) mW/m²。开路电压从 682.0 mV 增加到 978.0 mV。这些结果清楚地表明，最大功率密度和开路电位的改善与阴极电解液中 U(Ⅵ)初始浓度之间存在正相关。从图 2-14(c)可以看出，欧姆电阻随着阴极铀浓度的增加而降低。欧姆电阻的量度分别为 87.7 Ω、85.3 Ω、78.0 Ω 和 74.9 Ω。同时，对于活化内阻(圆的直径)也发现了相同的趋势。这表明阴极中较高浓度的铀可降低阴极电极表面的活化内阻。此外，图 2-14(d)显示了在低电压阶段随着初始铀浓度的增加 LSV 曲线越陡峭(斜率绝对值越大)，这表明较高的 U(Ⅵ)浓度可以促进阴极上的电化学反应过程。阴极的 LSV 可以通过反应物质(J)和电流(I)之间的关系来分析(菲克定律，方程2-5)[84]。根据方程(2-5)，电流(I)与从阴极电解质传输到阴极表面的 U(Ⅵ)量成正比。同时，电流(I)也正比于阴极表面上的 U(Ⅵ)浓度梯度。因此，观察到的更快的电化学反应可能是由于阴极电解液中较高的 U(Ⅵ)浓度。

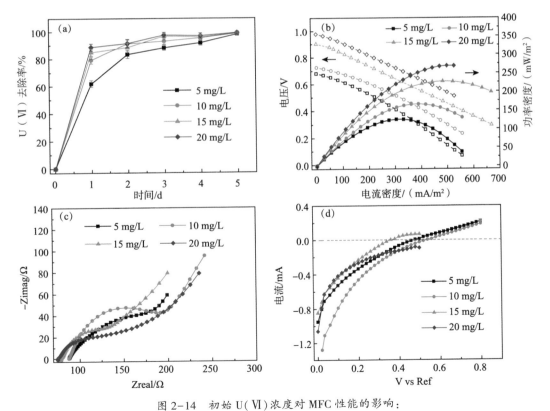

图 2-14 初始 U(Ⅵ)浓度对 MFC 性能的影响：
(a) U(Ⅵ)随时间的去除率；(b) 极化曲线和功率密度曲线；(c) EIS 的 Nyquist 图；(d) 阴极的 LSV 曲线

$$- J_0(0, \ t) = \frac{I}{nAF} = D_0 \left[\frac{\partial \ C_0(xt)}{\partial \ x} \right]_{x=0} \tag{2-5}$$

为了对比 MFC 处理各类重金属废水时的效能,对该类研究进行简要地整理(表 2-2)。主要对比了各类重金属不同初始浓度下,MFC 的产电性能。从表 2-2 可知,开展 MFC 处理含钒、银、汞、铬和铜等废水的研究时,使用的各重金属离子在废水中的浓度均较高,且 MFC 体系能表现出较优异的性能。本研究中所处理的废水中铀浓度范围为 5.0~20.0 mg/L,相比文献中处理的重金属离子浓度较低(即阴极电子受体浓度低),但是 MFC 的放电性能可达 269.50 mW/m²,这表明 MFC 在处理低浓度溶液中铀时仍具有较高的产电性能,能够得出 MFC 处理溶液中铀的其他优势。从表 2-2 可以看出,在低 U(Ⅵ)浓度下,MFC 的产电性能依然具有竞争优势。

表 2-2　MFC 处理不同金属离子的比较

金属离子	阳极电极	阴极电极	电子供体/(g/L)	初始金属离子浓度/(mg/L)	pH	最大功率密度/(mW/m²)	参考文献
Cr(Ⅵ)	碳布	碳布	乙酸钠:0.60	300.0	2.0	767.01	[85]
Cr(Ⅵ)	碳毡	碳布	乙酸钠:0.75	120.0	2.0	1221.91	[44]
Cr(Ⅵ)	碳毡	石墨纸	乙酸钠:1.00	204.0	2.0	1600.00	[86]
Cu(Ⅱ)	石墨毡	石墨板	葡萄糖:5.00	6412.5	4.7	339.00	[87]
Cu(Ⅱ)	石墨毡	石墨毡	乙酸钠:0.82	200.0	3.0	319.00	[88]
Hg(Ⅱ)	石墨毡	碳纸	乙酸钠:0.82	100.0	2.0	433.00	[66]
Ag(Ⅰ)	碳刷	碳布	乙酸钠:1.00	1000.0	7.0	4250.00	[51]
V(Ⅴ) and Cr(Ⅵ)	碳毡	碳毡	葡萄糖:0.81	each of 250.0 V(Ⅴ) 500.0 Cr(Ⅵ) 500.0	2.0	970.2±20.6 620.2±14.7 1030.2±30.7	[89]
U(Ⅵ)	碳布	碳刷	葡萄糖:0.50	20.0	2.0	269.50	本试验

2. 初始阳极 COD 浓度对 MFC 效能的影响

为了研究阳极底物浓度对 MFC 体系效能的影响,在保持阴极电解液初始 pH 为 2.0、初始 U(Ⅵ)浓度为 10.0 mg/L 和外接电阻为 1000 Ω 条件下,调整了阳极液初始 COD 浓度分别为 600.0 mg/L、800.0 mg/L、1000.0 mg/L、1200.0 mg/L。图 2-15 展示了 MFCs 在不同的初始 COD 浓度下的效能。从图 2-15(a)可以看出,在反应前期,阴极室内 U(Ⅵ)的去除率随着阳极室中初始 COD 浓度的增加而增加。一个运行周期结束后,最终的铀去除率没有显著差异,其原因可能是:在电池运行一定时间后,阴极室内残留的铀离子浓度较低,浓差极化引起的扩散内阻增大。故阴极室内低浓度的铀(Ⅵ)离子成为阻止其去除的主要原因。

由图 2-15(b)可知,阳极 COD 去除率随着阳极初始 COD 浓度的增加而呈现出先增加再降低的趋势,在阳极营养液初始 COD 浓度为 800.0 mg/L 时,阳极 COD 去除率

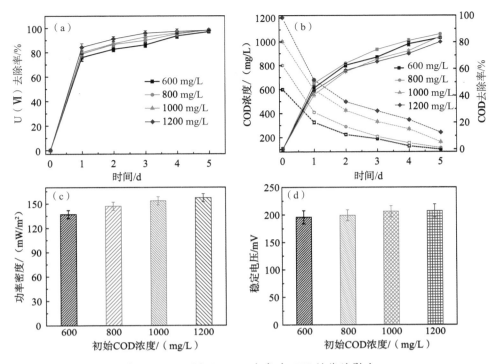

图 2-15 不同初始 COD 浓度对 MFC 性能的影响：
（a）U(Ⅵ)去除率随时间的变化曲线；（b）COD 去除率和 COD 剩余浓度随时间的变化曲线；
（c）最大输出功率；（d）输出稳定电压

最高。即阳极有机底物利用率最高。根据图 2-15（c）和图 2-15（d）可知，随着初始 COD 浓度的增加，最大输出功率密度和输出电压略有增加，其主要原因是产电微生物能够利用的有机营养物(电子供体)随阳极初始 COD 浓度的增加而增加，即产电微生物能够获得充足的营养物质来维持自身的新陈代谢。然而，阳极 COD 浓度与 MFC 的产电能力的高低及输出稳定电压值并非呈现线性关系，即微生物燃料电池产电效能不会随着底物 COD 浓度的增加而持续的无限提高。这种现象能够用 Monod 方程加以解释，当阳极营养物浓度增加到某个临界值时，产电微生物的生长速率达到最大值之后，再增加营养物浓度，微生物的生长速率不变，呈现出零级反应；当营养物浓度偏低时，底物 COD 浓度则是微生物生长的主要控制因素，呈现出一级反应。相比之下，阳极初始 COD 浓度的增加对阴极室内铀去除率的影响小于其他参数。此外，在阳极营养物浓度达到一定高度后，微生物燃料电池的产电性能将不会随 COD 浓度的增加而增加，甚至由于其他微生物的存在，将使产电微生物的活性会受到抑制而导致微生物燃料电池的产电效能下降。因此，从 MFC 的性能，节能和环保及实际需要的角度出发，建议适当选择阳极营养液中的 COD 初始浓度。在本试验研究中，阳极初始 COD 浓度为 800.0 mg/L 最为适宜。

3. 外电路阳极营养液载对 MFC 效能的影响

MFC 的外部电阻极大地影响了 MFC 的启动和稳定运行。其具体表现为：启动阶段主要影响阳极微生物电极的形成和生长；长期运行阶段，则对 MFC 整个运行体系的稳定性有较大影响[90-92]。利用相同外接电阻($R = 1000.0\ \Omega$)使 MFC 进入稳定期后，改变外接电阻值，开展外接电阻分别为 600.0 Ω、800.0 Ω、1000.0 Ω 和 1200.0 Ω 的相关研究。图 2-16 显示了 MFCs 在不同外接电阻下的性能。

如图 2-16（a）所示，当外接电阻为 600.0~1200.0 Ω，间隔为 200.0 Ω 时，经过 24 h，阴极电解液中 U(Ⅵ)去除率分别为 85.71%、76.79%、73.21%、62.50%。在 48.0 h 的 $R = 600.0\ \Omega$ 条件下，阴极室中 U(Ⅵ)的去除率超过 94.0%。然而，当外接电阻分别为 800.0 Ω，1000.0 Ω 和 1200.0 Ω 时，MFCs 则需持续运行 72.0 h，96.0 h 和 120.0 h U(Ⅵ)去除率才可达到 94.0%。这些结果表明，在外电路电阻较低的情况下，阴极室内可以轻松实现更快，更高的 U(Ⅵ)去除率。根据图 2-16（b），当外接电阻$R = 600.0\ \Omega$ 时，MFC 体系的库仑效率达到 21.7%，高于 $R = 1200.0\ \Omega$ 时的库仑效率（13.2%）。图 2-16（c）显示 MFC 的最大输出功率为 600.0 Ω 时为（136.8±10.0）mW/m²，比 1200.0 Ω 时的（116.3±10.0）mW/m² 高出 17.6%。这意味着在一定时间内连接较高的外部电阻会降低 MFC 的最大输出功率。该结果与库仑效率结果相一致，其原因是较高的外接电阻阻碍了外电路中电子的传输，使更多的电子在外电路中被消耗，电池产电下降。图 2-16（d）显示，MFC 的输出电压随外部电阻的增加而增加[93-94]，该现象可以用欧姆定律加以解释。因此，在本试验研究中，外电路接 $R = 600.0\ \Omega$ 的负载可以使 MFC 实现更优异的性能。

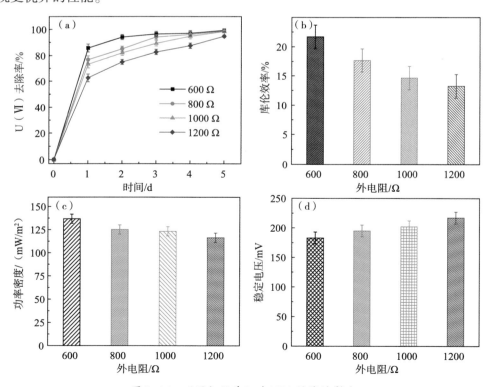

图 2-16　不同初始外阻对 MFC 性能的影响：

（a）U(Ⅵ)去除率随时间变化的曲线；（b）库仑效率；（c）最大输出功率；（d）输出稳定电压

2.3.4 MFC体系改善前后的稳定性比较分析

众所周知，MFC体系的长期稳定性是评价MFC性能的一个重要指标。在其他运行参数相同的条件下，对比阴极电解液中未添加甘氨酸–盐酸缓冲液和添加甘氨酸–盐酸缓冲液两种情况，每种模式运行5个周期，共计10个周期。在每个周期稳定运行的阶段内分别监测MFC的输出电压、最大功率密度、阴极室内铀的去除效能和阳极室内COD的降解效能，所得结果如图2-17所示。

图2-17（a）表明，由于在每个周期的开始都更换了新鲜的阳极有机基质，因此在试验开始时MFC的输出电压（$R=1000\ \Omega$）迅速增加。当阳极室内的有机底物和阴极室内的铀浓度足够时，MFC呈现出稳定的时间–电压曲线。当反应持续到结束时，阳极营养物质和阴极反应物均被大量消耗，并且输出电压开始缓慢降低。通过比较最大输出功率（图2-17（b））和U（Ⅵ）去除率（图2-17（c）），可以看出MFC的最大输出功率从（90.0±10.0）mW/m² 增加到（184.0±10.0）mW/m²。U（Ⅵ）去除率从（79.0±2.0）%增加到（98.0±1.0）%。此外，每个周期内的阳极COD去除率保持在（80.0±2.0）%（图2-17（d））。总而言之，当在阴极电解液中添加甘氨酸–盐酸缓冲液时，双室MFC可实现更高的阴极U（Ⅵ）去除率、阳极COD去除率和获得更高的最大输出功率。

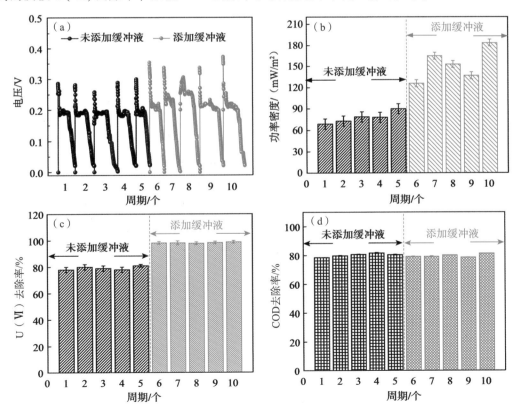

图 2-17　MFC 长期稳定性：
（a）输出电压–时间曲线；（b）最大输出功率；（c）U（Ⅵ）去除率；（d）COD去除率

2.3.5　电极的表征分析

1. 电极表面形貌分析

图 2-18 显示了使用前后电极(碳纸阳极和碳刷阴极)的 SEM 图像。从图 2-18(a)和图 2-18(c)可以看出，使用前碳刷上的碳纤维比使用前碳纸上的碳纤维更光滑，从碳纸未使用前形貌可知，构成碳纸的碳纤维表面延碳纤维轴向有细小沟壑，这些细小的沟壑有利于微生物的附着和生长。图 2-18(b)是附有微生物的碳纸阳极的 SEM 图像，与以前的研究[95]中描述的一致。附着微生物膜的平均厚度约为 1~5 μm，且分布较为均匀。良好的阳极生物膜为 MFC 的优异性能奠定了坚实的基础。图 2-18(d)表明，反应后大量的片状沉淀物被阳极营养液载到碳刷电极的表面上。这些可能是由于溶液中铀酰离子在碳刷阴极上发生的电化学还原而产生的。

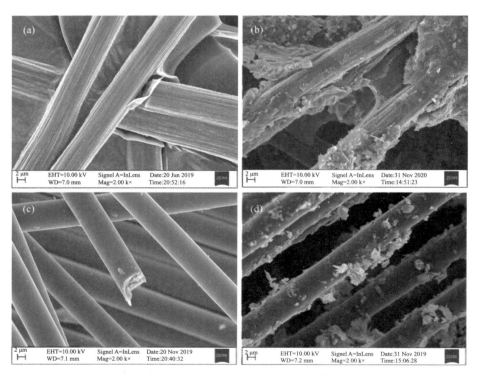

图 2-18　阳极电极和阴极扫描电镜:
(a)反应前阳极碳纸电极;(b)反应后阳极碳纸电极;(c)反应前阴极碳刷电极;
(d)反应后阴极碳刷电极

2. 电极表面元素分布及含量分析

图 2-19 是反应后碳刷的 EDS 表征。表面扫描和线条扫描都在此碳刷电极上进行。图 2-19 表明，反应后碳刷的主要表面元素是碳、氧和铀。这些元素均匀地分布在整个阴极电极上。以线性扫描模式扫描单根碳纤维，以进一步研究铀元素在其表面上的分布特征(图 2-19(f)和(g))。根据图 2-19(g)，几乎在所有出现沉积物的地方都收集到较

高的铀峰。SEM 和 EDS 结果表明，阴极室内 U(Ⅵ)可以通过阴极电极以沉淀形式从溶液中分离出来，并且该沉淀在碳刷上的分布较为均匀。

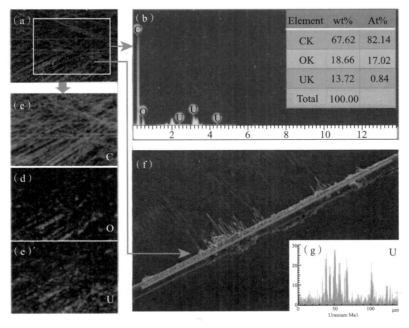

Element	wt%	At%
CK	67.62	82.14
OK	18.66	17.02
UK	13.72	0.84
Total	100.00	

图 2-19　反应后阴极碳刷电极的 SEM 和 EDS 结果：
（a）反应后阴极碳刷电极扫描电镜；（b）反应后阴极碳刷电极 EDS 光谱；
（c）碳元素映射图像；（d）氧元素映射图像；（e）铀元素映射图像；
（f）反应后阴极碳纤维的线扫描；（g）线扫描铀信号

3. 电极表面的物相分析

对碳刷电极材料进行 XRD 表征，测试样品分别为空白碳刷和作为 MFC 阴极电极使用后的碳刷，测试结果如图 2-20 所示。由图 2-20 可知，使用后的碳刷表面出现多个新的特征衍射峰，这可能与碳刷表面生成的沉淀物有关。通过分析可知，新增衍射峰相对应的物质中可能含有 $NH_4UO_2PO_4 \cdot 3H_2O$ 和 $H_2(UO_2)_2(PO_4) \cdot 8H_2O$，该结果与电极表面沉淀物中铀元素的 XPS 结果相一致，即沉淀物中可能含有 U(Ⅳ)和 U(Ⅴ)的存在。此外，XRD 结果表明：沉淀物中可能存在磷酸根及 U(Ⅵ)，这可能是阳极室内的微量磷酸根进入到阴极室内，在微电场的作用下与阴极室内的铀离子或含铀化合物发生共沉

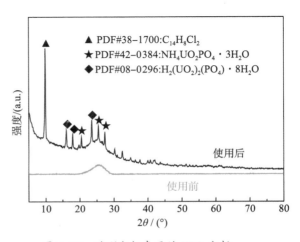

▲ PDF#38-1700:$C_{14}H_8Cl_2$
★ PDF#42-0384:$NH_4UO_2PO_4 \cdot 3H_2O$
◆ PDF#08-0296:$H_2(UO_2)_2(PO_4) \cdot 8H_2O$

图 2-20　碳刷电极表面的 XRD 分析

淀。含铀沉淀物的生成过程可能存在以下两种情况：①阴极电解液中的 U(Ⅵ)接收阳极传递过来的电子逐步被还原为 U(Ⅴ)和 U(Ⅳ)，磷酸根与 U(Ⅴ)或 U(Ⅳ)接触产生共沉淀。②在阴极电极附近微电场作用下，微量磷酸根与 U(Ⅵ)直接接触发生共沉淀。由于试验条件受限，具体情况还需进行更加深入的研究。

4. 电极表面元素价态及基团分析

采用 XPS 对使用过的阴极碳刷电极进行了分析，结果如图 2-21 所示。根据图 2-21(a)所示的元素表可知，XPS 检测的铀元素含量与 EDS 扫描结果相比较低。这种差异可能归因于样品收集和检测方法。图 2-21(b)说明 284.6 eV 附近的 C1s 组分可能与 C—H 有关。同时，C1s 的信号可以被识别出 C—OH，其结合能接近 286.357 eV[96]。更多与碳相关基团有利于阴极电极上电子的转移和铀的去除。在图 2-21(c)中，在 O1s 光谱中出现一个结合能接近 530.91 eV 的峰。通常，高结合能(530.20~531.80 eV)对应于吸附氧种(Oads)[97]。如图 2-21(d)所示，碳刷表面生成的沉积物的结合能分别为 382.11 eV 和 383.262 eV，分别对应于 U(Ⅳ)[98]和 U(Ⅴ)[99]。这些结果表明，MFC 阴极室从溶液中去除 U(Ⅵ)可能是由于 U(Ⅵ)被还原为 U(Ⅳ)和/或 U(Ⅴ)。由于其沉淀性能好，离子很容易沉淀并从阴极电解液中分离出来。

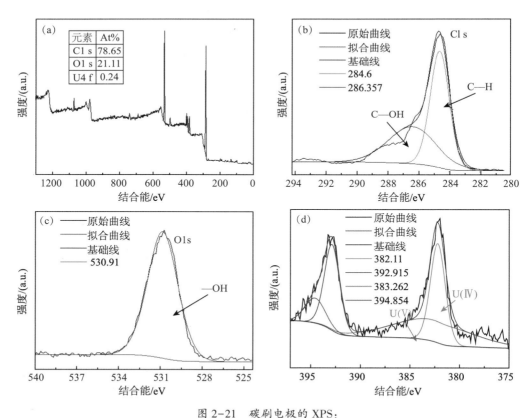

图 2-21　碳刷电极的 XPS：
(a) 全面扫描；(b) C1s 光谱；(c) O1s 光谱；(d) U4f 光谱

2.3.6　MFC 阴极去除铀的机理研究

通过参考相关文献[61，101]和结合本研究的结果，绘制了 MFC 体系去除 U(Ⅵ) 机理的示意图(图 2-22)，包括甘氨酸-盐酸缓冲液中 H^+ 的释放和阴极电极碳纤维上铀的去除过程。如图 2-22(a)所示，阳极表面上的生物膜是由发电微生物形成的。这些微生物通过代谢将有机物(葡萄糖)降解，释放出电子和质子。电子通过外部电路从阳极电极(碳纸)转移到阴极电极(碳刷)。电子到达阴极碳刷上后可同阴极室溶液中的各类离子发生综合电化学反应。在本研究中，可能涉及 3 个综合的电化学反应(图 2-22(c))。沉淀物的形成及其剥落过程主要围绕前面提到的反应。

下面详细描述反应：

1)将 U(Ⅵ)还原为 U(Ⅴ)。首先，由于吸附作用或电场效应，阴极电解液中的 U(Ⅵ)可能会被吸附到碳纤维表面；其次，吸附的 U(Ⅵ)可能得到一个电子而被还原，U(Ⅵ)被还原形成的生成物在碳纤维表面结合形成 U(Ⅴ)沉淀；第三，形成的沉淀物逐渐堆积；最后，碳纤维的表面被大量沉淀物附着。由于沉淀物的持续增长和水力剪切作用，该沉淀物可能会从碳纤维剥离到阴极溶液中。

2)将 U(Ⅵ)还原为 U(Ⅳ)。U(Ⅳ)还原过程可以与 U(Ⅴ)沉淀的形成过程相同。

3)U(Ⅴ)可能会通过沉积物剥落而连续还原为 U(Ⅳ)。此外，通过添加甘氨酸-盐酸缓冲液可以大大提高 MFC 的 U(Ⅵ)去除能力，这归因于从缓冲液中释放 H^+(图 2-22(b))。MFC 对溶液中铀的去除机理应在未来试验中进一步研究。

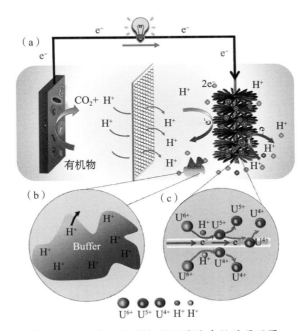

图 2-22　双室 MFC 阴极处理溶液中铀的原理图：
(a)MFC 系统示意图；(b)H^+ 从缓冲液中释放的示意图；
(c)碳刷电极碳纤维上铀离子去除的示意图

第3章

生物阴极型 MFC 从含铀废水中回收铀的研究

3.1　MFC 回收铀生物阴极体系的建立

3.1.1　生物阴极型 MFC 构建

1. MFC 类型的选择

MFC 使用的范围广泛、形式多样，根据阳极室电子转移的方式不同，MFC 的类型可被分为间接 MFC 与直接 MFC。间接型 MFC 中，阳极室燃料(如废水中的有机物)并不在阳极表面直接发生氧化反应，而是在溶液中或其他地方反应并释放出电子，释放出的电子则由氧化还原介体负载传递到阳极表面上，实现电子的转移。此外，有些 MFC 则利用阳极室通过生成的燃料(如发酵制 H_2、己醇等)在阳极表面发生反应，这种电池也被称为间接型 MFC。在直接型 MFC 中，燃料则在阳极表面微生物细胞内直接氧化，产生的电子直接转移到电极上，不需要添加任何的电子介体。相对于间接型 MFC，直接型 MFC 性能更好，运行成本更低，因此成为当前 MFC 的研究重点。故本研究确定选用的 MFC 为直接型 MFC。

根据阳极产电微生物的种类，MFC 又可以分为纯种菌 MFC 和混合菌 MFC。理论上，MFC 使用单一菌种的产电微生物，电池性能更佳。但是又有研究结果表明，使用混合微生物群落时，MFC 的产电要比使用单一菌种时提高大约 6 倍。接种纯种菌的 MFC 虽然具有较高的电子传递效率，但是微生物的生长速率缓慢，对底物专一性很强，而且易引入其他杂菌，不符合污水处理的理念；相对而言，接种混合菌群的 MFC 则具有抗冲击能力强，底物降解率高，对底物专一性要求不高和能量输出效率更高等优点，更适宜用于污水处理。因此，本研究中所采用的 MFC 阴阳极均接种混合菌群。

根据 MFC 反应器是否使用质子交换膜(Proton exchange membrane，简称 PEM)将 MFC 分为有膜型和无膜型两类。其中实验室最常用的"H"形 MFC 属于有膜型，质子交换膜将阴阳极溶液隔开，防止两室溶液相互干扰。"H"形 MFC 结构简单，制作方便，且易于进行 MFC 阴阳极的机理研究。

2. 质子交换膜的选择及预处理

本实验研究中所采用的质子交换膜为 Du Pont 公司生产的 Nafion 117 膜。其预处理方法为：首先将新的质子交换膜在 80 ℃、5 wt% 的 H_2O_2 溶液中煮 1 h，以去除膜内的有机杂质。其次用去离子水反复冲洗膜，将其浸泡在 80 ℃ 的去离子水中煮 1 h，以完全去除残留的 H_2O_2。再次将膜浸泡于 80 ℃、1 mol/L 的 H_2SO_4 溶液中煮 1 h，通过离子交换将膜转为 H^+ 型。最后用去离子水反复冲洗膜，将其浸泡在 80 ℃ 的去离子水中热处理 1 h，以完全去除膜内残留的 H_2SO_4。

3. 电极材料的选择及预处理

本实验中采用 3.0 cm×3.0 cm 的碳布作为阳极电极，阴极电极采用碳布和碳刷两种材料进行对比分析。电极使用前先用去离子冲洗，然后再分别用 1.0 mol/L HCl 和 1.0 mol/L NaOH 溶液各浸泡 2 h 以去除电极材料表面的杂质，最后用去离子水浸泡 5 h，备用。

4. MFC 体系的组建

本研究所运行的生物反应器皆为双室 MFC，如图 3-1 所示，采用玻璃制成的双室微生物燃料电池，每个腔室的有效容积为 120.0 mL。阳极室和阴极室之间用质子交换膜分隔（PEM），反应器使用前在 1.0 mol/L HCl 和 1.0 mol/L NaOH 溶液中分别浸泡 12 h，然后用去离子水反复冲洗至干净，保存备用。MFC 反应体系由两个独立的玻璃腔（阳极和阴极）组装而成，在两个反应器接口处使用质子交换膜将双室分离开来，并采用夹箍加以固定。两电极之间的距离为 12.0 cm，电极通过导线连接，最后再通过 1000 Ω 外部电阻连接两电极，实验示意图如图 3-2 所示。

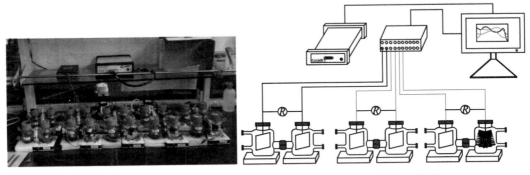

图 3-1 实验装置图   图 3-2 实验示意图

阳极室接种菌来源于衡阳市衡西污水处理厂厌氧池污泥，污泥取回后投加营养液在厌氧条件下进行驯化。接种阶段完成后，阳极室添加 120.0 mL 阳极营养液，阴极室填充模拟含铀废水，采用盐酸/氢氧化钠将阴极电解液调节到所需 pH。阳极营养液和阴极电解液均使用去离子水配制，去离子水使用前充氮气 0.5 h 以降低溶解氧。在 MFC 阴极室中使用微型磁力搅拌器以降低阴极电解液的传质阻力。每次更换阴极底物时，先将反应完的溶液放出，再将新鲜的底物溶液注入，操作过程在厌氧箱中进行，以防止氧气进入系统对试验结果产生影响。

3.1.2 生物阴极型 MFC 的启动

1. 启动期的电压变化

分别选择碳布和碳刷作为双室微生物燃料电池的阴极材料,构建两种电极组合:阳极碳布/阴极碳布与阳极碳布/阴极碳刷的电极组合。双室 MFC 生物阴极启动初期(阴极为未添加含铀废水),MFC 一周期内电压变化情况,结果如图 3-3 所示。

由图 3-3 可知,对于采用原位启动的双室 MFC 来说,碳刷作为阴极电极能够输出更高的稳定电压($R=1000\ \Omega$),最大输出电压为 55 mV,稳定电压为 35 mV。碳布作为阴极电极时,MFC 的最大输出电压仅为 32 mV,且稳定电压大约在 20 mV 以下,仅为以碳刷作为阴极电极时的 50%。同时以碳刷作为阴极电极的 MFC 输出电压的稳定性要优于以碳布作为阴极电极的 MFC。以碳布作为阴极电极时,在周期开始前 40 h 内,输出电压呈现锯齿状,40 h 之后趋于稳定。而就碳刷作为阴极电极而言,虽具有比碳布电极高的输出电压和平稳趋势,但是抗外界干扰能力较弱,如在时间段 14~15 h 和 72~74 h 之间,电压出现突然快速下降,特别是在之间,电池电压下降为 0 mV。

对于采用相同阴极电极材料,不同启动方式的 MFC 的电压输出情况也可由图 3-3 进行分析。由图 3-3 可知,采用阴极电极异位式启动的 MFC 输出的电压要远高于原位式启动的 MFC 输出的电压。异位启动的 MFC 最高输出电压为 75 mV,稳定电压大约在 55 mV 左右,是原位启动 MFC 的 3 倍左右,且经过 86 h 之后仍有 60 mV 的输出电压。另外,整个周期内输出电压的稳定性偏低,电压浮动范围在 35 mV 左右,电压输出性能较好。

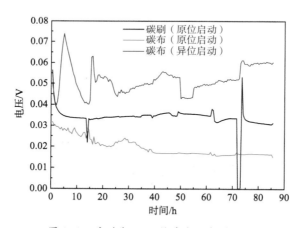

图 3-3　启动期 MFC 输出电压与时间图

2. 启动期的 COD 去除

实验初期阶段,主要研究 MFC 在未接触含铀废水前的效能。3 组双室 MFC 体系中,阳极电解液和阴极电解液中 COD 的去除情况如图 3-4 所示(阳极室初始 COD 浓度为 500 mg/L,阴极室初始 COD 浓度为 200 mg/L)。由图 3-4 可知,3 组 MFC 阳极的 COD 消耗量均要高于阴极室内 COD 的消耗量。其中阳极室内 COD 的去除效果属原位启动以碳刷作为阴极电极的 MFC 最好，其次是原位启动碳布作为阴极电极 MFC，而异位启动的 MFC 对阳极室内 COD 的去除效果较低。而对于阴极室内 COD 的去除情况则恰恰相反，其产生该现象的原因可能是电极材料本身及启动方式的不同导致的。

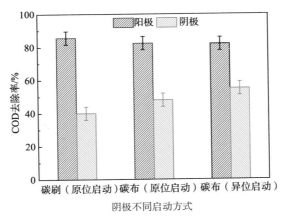

图 3-4 启动期 MFC 各室对 COD 的去除率

3. 启动期的产电效能

在对生物阴极半电池进行极化测试的基础上，又对 3 种构建的 MFC 全电池体系的极化和功率输出进行了研究(图 3-5)。

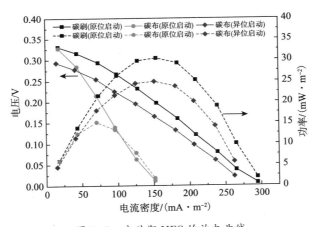

图 3-5 启动期 MFC 的放电曲线

从图 3-5 中可以看出，原位启动的碳刷作为生物阴极 MFC 的最大功率功率密度最高，为 30.4 mW/m²；异位式启动的以碳布为生物阴极电极的 MFC 最大功率密度 24.9 mW/m²，小于碳刷作为生物阴极 MFC，以碳刷作为生物阴极采用原位启动的 MFC 的最大功率密度最低，仅有 15.1 mW/m²。3 种 MFC 对应的开路电压差别不大，因为对应的反应和热力学特性相同。从电压降低(极化)的变化趋势来看，碳刷的极化内阻最低，这也解释了为什么碳刷的功率密度最大。以碳布作为生物阴极原位启动的 MFC 极化现象最为严重，极化内阻最大，电池本身产生的能量被内阻大量消耗，导致输出电能较低。

在反应器稳定运行的条件下对反应器的全电池进行了阻抗谱测试，以考察系统的内阻分布情况，结果如图 3-6 所示。

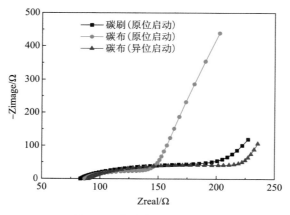

图 3-6　启动期 MFC 的阻抗

根据测得的结果进行分析拟合得到，3 组电池的全电池的欧姆内阻分别为 83.3 Ω、86.8 Ω、89.6 Ω。同时可以看出以碳布作为阴极电极进行生物阴极原位启动的 MFC 在高频区呈现出陡峭的上升，说明该组电池存在较为严重的浓差极化现象，使得电池整体的扩散内阻偏高。产生该种结果的原因可能是由于该电池启动方式为原位启动，造成阴极碳布上附着了较厚的生物膜。生物膜没能及时得到更新，导致生物膜老化现象严重，阻碍了阴极电解液与阴极碳布的充分接触。而异位启动的碳刷电极由于放入阴极内的时间较短，形成的生物膜正处于优质状态，所以传质效率较好，从而扩散内阻较低。这与全电池的线性伏安扫描结果（图 3-5）相一致。从图 3-7 中可以明显看出，原位启动的碳布生物阴极 MFC 的 LSV 曲线呈现出较为平缓的趋势，说明阴极电极表面的氧化还原活性较低，这就进一步证实了以上关于阴极电极上生物膜的分析。对于碳刷生物阴极而言，虽然采用的是原位式的生物阴极启动，但是碳刷的比表面积要远大于碳布的比表面积，这就大大提高了阴极室内的传质效率，减少了扩散内阻。将图 3-6 和图 3-7 对比分析可知，处于该阶段的 3 组电池，电池的总内阻主要受扩散影响较大。

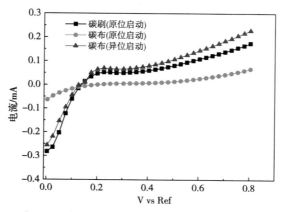

图 3-7　启动期 MFC 阴极的线性扫描伏安曲线

3.1.3　含铀废水对 MFC 体系的影响

1. 含铀废水对 MFC 电压的影响

本研究中阴极和阳极的启动方式均采用间歇流运行，经过近 3 个月的 MFC 培养启动，3 组微生物燃料电池的阴极室内同时被加入含铀废水，含铀废水加入后第一个运行周期电压、15 天时所处周期的电压、30 天所处周期的电压分别如图 3-8、图 3-9、图 3-10 所示。

由图 3-8 可知，3 组 MFC 阴极电解液中加入铀后，其输出电压与添加铀之前的输出电压均发生较大的变化。其中以碳布作为阴极电极采用生物阴极异位启动的 MFC 电压变化最为突出。由图 3-3 和图 3-8 对比分析可知，以碳布做阴极异位启动的 MFC 的最大输出电压由 75 mV 增加到 123 mV，输出的稳定电压由原来的 55 mV 增加到 105 mV，提高了 91%。但是电池稳定电压输出时段较短，约为 55 h。在阴极室未添加铀之前，该组电池在持续运行 80 h 后依然能够保持稳定电压的输出，且并未看出有下降的趋势。导致这种现象发生的原因可能是含铀废水的添加，改变的原来 MFC 体系的反应平衡，使输出电压得以提高。而对于其他两组原位启动的 MFC 来说，在阴极室内添加铀之后，电池电压均呈现下降趋势。以碳刷为阴极的 MFC 电压下降幅度最为明显。

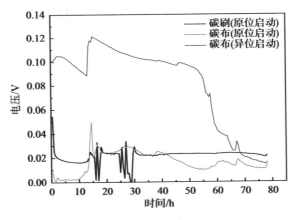

图 3-8　时间—电压(第一次加铀)

由图 3-9 可知，在生物阴极添加含铀废水半个月后，3 组电池的输出电压均有大幅度下降。在该运行周期内，采用原位启动的两组 MFC 电压均低于 20 mV，其中碳布作为阴极电极的 MFC 输出电压最差，电池电压均在 5 mV 下。而对于异位启动的 MFC 来说，在该周期开始的前 13 h，电池无电压产生，在 13 h 之后，电池电压开始急速提高到 30 mV，然后呈现较为减缓的上升趋势，最后达到的最大电压为 85 mV，然后急速下降为 0 mV。产生这种现象的原因是 MFC 体系运行稳定性较低，受外界影响较大。

在含铀废水加入阴极电解液中一个月后，3 组 MFC 的电压输出情况如图 3-10 所示。如图可知，此时 3 组电池电压已经均在 15 mV 一下，且输出电压的稳定型较差。通过图 3-8 和图 3-9 对比可知，异位启动的碳布阴极的 MFC 电压大大降低，最大电池

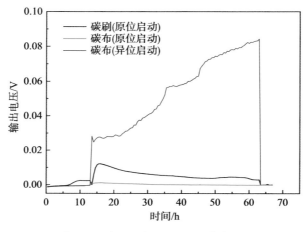

图 3-9 时间—电压(加铀后半个月)

电压仅为 7 mV，明显低于碳刷作为阴极的 MFC 的电压。而原位启动的碳布阴极已无电压输出。综上所述，含铀废水对 MFC 体系的输出电压整体呈现不良的影响，其原因可能是铀离子对 MFC 体系中的阴极微生物具有毒害作用。

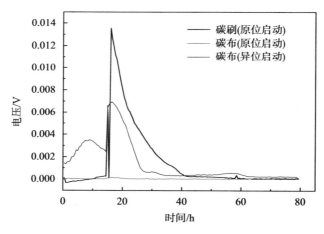

图 3-10 时间—电压图(加铀一个月后)

2. 含铀废水对 COD 去除的影响

进入 MEC 体系后，开展 COD 去除效能的研究，获得的结果如图 3-11 所示。从图 3-11 中可知，在阴极加入铀的周期里，阳极室内产电微生物对 COD 的去除仍保持了高效性，虽有小幅度下降，但是 COD 去除率在考察周期里均保持在 80% 左右。对于 MEC 体系阴极室内有机物降解而言，如图 3-12 所示，COD 消耗量大大降低，最大相差 80 mg/L。3 组电池阴极室内 COD 消耗量均下降了 50% 以上。其中异位启动的 MFC 阴极消耗 COD 的情况变化最大，阴极电解液加铀之前 COD 消耗量为 110 mg/L，阴极电解液加铀之后 COD 消耗量降到 30 mg/L。这进一步证实了含铀废水对阴极室内微生物有一定的抑制作用。

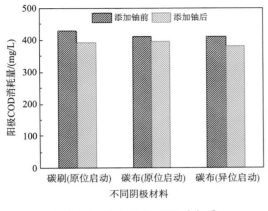

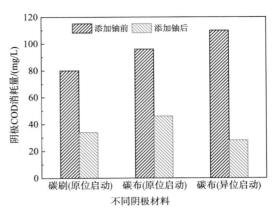

图 3-11 添加铀后 COD 消耗量 　　　图 3-12 添加铀后阴极 COD 消耗量

3. 含铀废水对 MFC 电化学的影响

阴极室内第一次加入含铀废水之后，待 MFC 在该周期内运行稳定后，测试其极化曲线并计算得出相应的功率密度曲线，结果如图 3-13 所示。由图 3-5 和图 3-13 对比可知，3 组 MFC 输出的最大功率均有下降，其中碳布作为生物阴极电极采用原位启动的 MFC 产电性能下降幅度最大，电池最大输出功率由加铀之前的 15.1 mW/m² 下降到 1.6 mW/m²。同样以碳布作为阴极电极，采用生物阴极异位启动的 MFC 最大输出功率为 18.3 mW/m²，比加铀之前下降了 6.6 mW/m²。碳刷为阴极的 MFC 最大功率密度降低的最少，仅为 2.9 mW/m²。

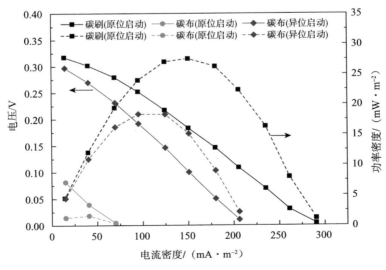

图 3-13 生物阴极添加铀之后放电(加铀的第一个周期)

本书中为了充分研究含铀废水对 3 组 MFC 体系产生的影响，利用电化学阻抗来研究 MFC 内阻的变化情况和电极表面的反应活性，测试结果如图 3-14 和 3-15 所示。通过图 3-6 和图 3-14 的对比可知，在 MFC 体系中加入含铀废水之后，3 组电池的内阻发生了较大的变化，其中欧姆内阻明显增加。以碳刷为阴极的 MFC 的浓差极化现象严重，MFC 导致扩散阻力增加，但其 MFC 本身的传质阻力却有所减少。3 组 MFC 综合看来，对于欧姆极化阻抗和活化极化阻抗而言，碳刷作为电极材料的极化阻抗综合起来较小，极化阻抗变小，有利于物质的电化学反应。

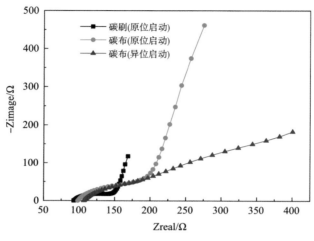

图 3-14　生物阴极添加铀之后——阻抗

由图 3-15 可知，在 MFC 阴极室内将入含铀废水之后，3 组电池电极表面的反应活性相差较小，以碳刷为阴极电极的 MFC 和以碳布为阴极电极采用异位启动的 MFC 电极表面的反应活性稍有下了降，其中后者下降得更为明显。

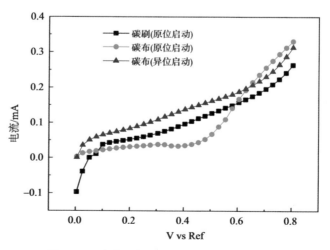

图 3-15　生物阴极添加铀之后——阴极 LSV

3.2 MFC 生物阴极回收铀的效能优化

3.2.1 阴极不同电极材料对 MFC 性能的影响

1. 不同电极材料对铀去除率的影响

对 3 种采用不同方式构建的 MFC 体系，进行了 3 个周期的实验，对比 3 组 MFC 系统对含铀废水处理的效能，获得的铀去除效能如图 3-16 所示。从图 3-16 中可知，在相同的运行条件下，经过一个周后，3 组 MFC 均对六价铀具有去除效能，具体的效能表现为 90.0% 左右，并且各反应体系对铀的去除效率性能的差别不是很大，在该阶段碳布作为阴极电极的 MFC 体系表现出的除铀能力相对而言为较好，3 个周期内的对六价铀的去除率平均 95% 左右。根据查阅其他相关文献，MFC 体系对其他重金属离子的处理情况，MFC 对含铀废水中的铀离子的总体的处理水平处于一致水平，由此证明了 MFC 对含铀废水中六价铀的处理潜力。为获得 MFC 体系的更多的对铀的处理，还需进一步改进运行机制，以此来获得更好的铀去除效能和产电性能。

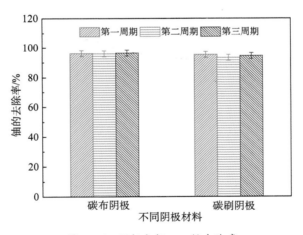

图 3-16　阴极电极——铀去除率

2. 不同电极材料时 MFC 的 EIS 分析

图 3-17 为由相同的阳极（碳布）、相同的阴极启动方式和不同阴极电极材料分别构成的两组 MFC 的阻抗能谱图，阻抗能谱主要体现 MFC 体系在 3 个内阻方面的情况，具体为欧姆极化阻抗、活化极化阻抗和浓差极化阻抗。从图 3-17 可知，两种阴极材料构成的两组 MFC 的欧姆阻抗相差不大，分别为 92.4 Ω 和 97.4 Ω；对于活化极化而言，以原位启动的碳刷和碳布作为阴极电极构成的 MFC 体系的活化极化现象均比较微小，有较小的活化极化阻抗，表明了这两种材料的催化活性较好，但是由于离子的迁移速度和反应速度等因素的影响，导致浓差极化阻抗均较大，整个系统离子的传输效率较弱。

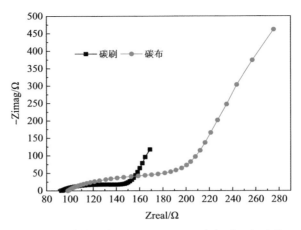

图 3-17　生物阴极添加铀之后不同电极的阻抗比较

3. 不同电极材料时阴极的 LSV 分析

根据图 3-18 可知，以碳刷为阴极电极的 MFC 测得的 LSV 在 0~0.2 V 区间内呈现出比较陡峭的上升，说明碳刷电极表面发生反应的活性较好。

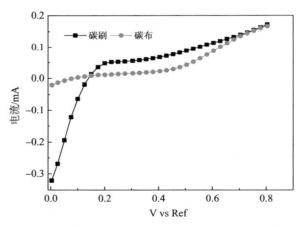

图 3-18　生物阴极添加铀之后不同电极的 LSV 比较

3.2.2　阴极室不同碳源对 MFC 性能的影响

本节实验研究以乙酸钠和葡萄糖作为阴极室内的碳源对双室 MFC 降解 U(Ⅵ)和产电的影响。实验采用同一 MFC 实验装置，阳极室内均采用无水乙酸钠作为阳极的电子供体，阳极室内初始 COD 浓度为 500 mg/L。阴极室内电解液的初始 COD 浓度均为 200 mg/L，进水方式为静态一次投加。双室 MFC 阴极室六价铀浓度为 10 mg/L，进水方式为静态一次投加，溶液 pH 为 7.0。MFC 的外电阻为 1000 Ω，在室温下进行。

1. 不同碳源对铀回收的影响

两种碳源情况下 3 组 MFC 对铀去除的情况见图 3-19。从图中可知，乙酸钠作为阴极碳源时，3 组 MFC 对六价铀的去除效率基本相同，去除率大约在 92%。对于以葡萄糖作为阴极碳源时，3 组 MFC 体系对六价铀的去除率均有提高。其中以碳布为阴极电极采用异位启动的 MFC 对铀的去除率性能改善最小，同样以碳布为阴极电极采用原位启动的 MFC 对铀的去除率性能改善最大，表明更换阴极室内碳源对铀的去除率提高幅度较小。对于生物阴极型双室 MFC，阴极室内微生物所需碳源的种类对 MFC 体系除铀的影响较小，非关键性条件因素。

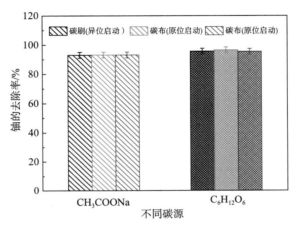

图 3-19　阴极室内不同碳源时铀的去除率

2. 不同碳源对 MFC 产电的影响

在实验过程中，选择在相同时段对 3 组 MFC 体系进行放电测试，以异位启动碳布作为阴极电极的 MFC 为例，极化曲线和功率密度曲线如图 3-20 所示。从极化曲线可以看出，以葡萄糖为阴极室内碳源时 MFC 体系的内阻要低于乙酸钠作为阴极室内碳源 MFC 体系的内阻。同时，葡萄糖作为阴极室内的碳源更有利于 MFC 输出电能。产生这种结果的原因可能是葡萄糖更容易被阴极室内的微生物氧化分解，将其用于微生物自身的新陈代谢，保持微生物的活性。

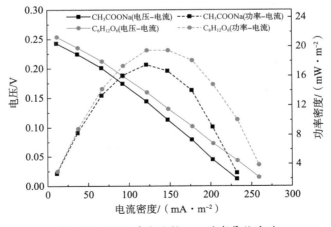

图 3-20　MFC 产电比较——碳布异位启动

3.2.3 不同初始铀浓度对 MFC 性能的影响

1. 不同初始铀浓度对电压的影响

在开展不同初始铀浓度处理含铀废水的同时，对 MFC 的输出电压进行记录，在外电路电阻同为 1000 Ω 的情况下，各类体系获得的输出电压情况如图 3-21、图 3-22 和图 3-23 所示。从图 3-21 可知，当初始铀浓度为 10 mg/L 时，3 组 MFC 的输出电压效果最好，输出的电压要明显高于 5 mg/L 和 20 mg/L，产生这种结果的原因可能有以下几种：①当阴极电解液中初始铀浓度为 5 mg/L 时，由于阴极室内存在微生物、底泥和其他杂质离子，他们本身会对铀离子产生一定程度的吸附和反应，进而减少了阴极电解液中铀离子的浓度，导致溶液中没有较多的电子受体，阴极电势不足，电池的电压较低。②当阴极电解液中初始铀浓度为 20 mg/L 时，由于溶液中铀离子浓度过高，且铀离子可能会对阴极室内的微生物具有一定的毒害作用，导致作为中间传质介体的微生物的生物活性降低，电子传递路径受阻，传质阻力增加，内阻分压变大，最终导致电池电压下降。

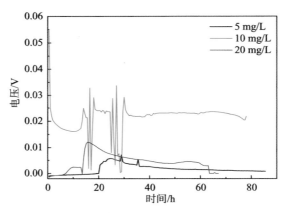

图 3-21 碳刷原位在不同含铀废水浓度下的电压变化

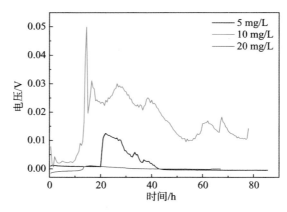

图 3-22 碳布原位在不同含铀废水浓度下的电压变化

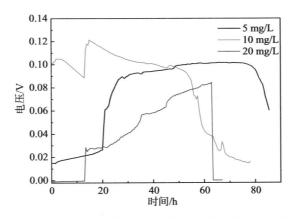

图 3-23 碳布异位在不同含铀废水浓度下的电压变化

2. 不同初始铀浓度对铀去除率的影响

为考察阴极室内不同初始铀浓度运行机制下 MFC 对含铀废水中铀的去除的效能，开展了 3 组 MFC 3 个周期内铀的去除能效的研究，结果如图 3-24 所示。从图 3-24 中可知，由不同阴极构成的 MFC 体系与采用不同方式启动的 MFC 在 3 个周期内对铀的去除效率比较相近，其中以碳布最为阴极电极的两个 MFC，在初始铀浓度为 20 mg/L 时，MFC 对铀的去除效果明显下降，去除率为 90% 以下，其他条件下，3 组 MFC 对铀的去除率均在 92% 以上。对于碳刷电极而言，随着阴极室内初始铀浓度的增加，MFC 的去除率也逐渐增加。以碳布为电极的 MFC，随着初始铀浓度的增加，MFC 体系对铀的去除率出现波动，其中波动幅度最大的为采用原位方式启动的 MFC，这说明异位启动的 MFC 比原位启动的 MFC 就有更好的耐受污染物的能力。

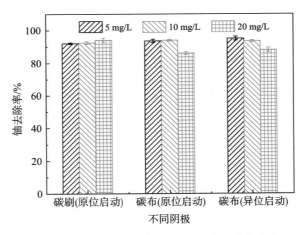

图 3-24 不同初始铀浓度下 MFC 对铀的去除率

3. 不同初始铀浓度下 MFC 的 EIS 分析

由相同方式启动的阳极（碳布）和不同阴极电极材料分别构成的两组的 MFC，在阴极室内初始铀浓度分别为 5 mg/L、10 mg/L、20 mg/L，其他运行条件均相同的情况下，阻抗能谱如图 3-25 所示。阻抗效能主要体现体系在 3 个方面的情况，具体为欧姆阻抗、活化极化阻抗和浓差极化阻抗。

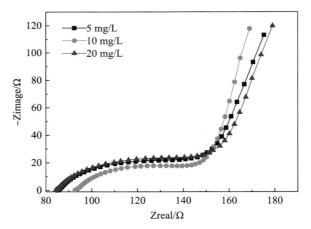

图 3-25 不同初始铀浓度下碳刷阴极 MFC 阻抗图谱

由图 3-25 可知，在阴极初始铀浓度不同的情况下，3 个周期内 MFC 表现出的阻抗效能相似，这说明阴极电解液中铀离子的浓度对 MFC 体系影响较小，其主要原因可能是碳刷电极具有较大的比表面积，对阴极室内离子的浓度变化有一定的承受范围，在没超过其极限范围的情况下，不会对 MFC 体系产生较大影响。而对于碳布电极来说（图 3-26），随着阴极电解液中离子浓度的变化，MFC 体系本身的内阻会有较大的变化。其中活化极化产生的活化内阻与浓差极化产生的传质内阻变化较为明显，而欧姆内阻则无明显改变。产生这种现象的原因可能：一是由于碳布电极与阴极电解液接触的面积有限，容易受到阴极电解液浓度变化的影响；二是由于碳布表面比较粗糙，有利于生物膜在碳布上的形成，生物膜中含有大量微生物，当阴极电解液中铀离子逐渐增多时，生物膜的活性会受到一定程度的损伤，从而导致电池内助电话较大。

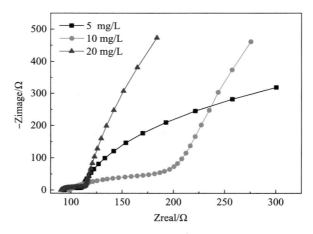

图 3-26 不同初始铀浓度下碳布原位 MFC 阻抗图谱

3.2.4　不同外接电阻对 MFC 性能的影响

双室 MFC 负载不同的外电阻直接影响输出电压的大小，本节实验设置了 3 个不同外电阻体系，其值分别为：10 Ω、510 Ω、1000 Ω，研究外电阻对 U(Ⅵ) 降解的影响。双室 MFC 在不同外电阻下 U(Ⅵ) 的降解情况见图 3-27。从图中可以看出，对于以碳刷为阴极电极的 MFC，在外电阻为 10 Ω 时，MFC 体系对铀的去除效率最好，原因可能是较小的外电路阻力更易使阳极产生的电子转移到阴极的碳纤维上，从而有利于电子受体对电子的接受。但当外电路电阻增加到一定程度时，这种优势会逐渐降低。对于碳布作为阴极逐渐的 MFC，其随着外电阻从 10 Ω 增加到 1000 Ω，MFC 体系对于铀的去除效能均在 93% 左右，没有明显差异。这说明对于生物阴极型 MFC，外电路中负载的电阻对 MFC 体系除铀的能力影响微小，主要还是取决于 MFC 体系本身的构建及微生物活性。

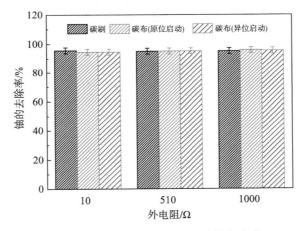

图 3-27　不同外电阻时 MFC 的铀去除率

3.2.5　MFC 生物阴极持续运行效能研究

众所周知，稳定性是评价 MFC 性能的一个重要指标。3 组电池在相同的运行条件下，对比原位启动与异位启动、碳布作为阴极电极与碳刷作为阴极电极的两种情况，每种模式运行 8 个周期，每个周期的运行时间为 82~86 h。对 3 种 MFC 每个周期分别监测电池的输出电压、铀的去除效能和欧姆阻抗。

1. MFC 的稳定运行的周期电压

实验过程中对 3 组 MFC 进行电压采集，所得结果分别如图 3-28、图 3-29 和图 3-30 所示，其中图 3-28 为碳刷作为阴极电极采用原位式阴极启动的 MFC 的输出电压，图 3-29 碳布作为阴极电极采用原位式阴极启动的 MFC 的输出电压，图 3-30 碳布作为阴极电极采用异位式阴极启动的 MFC 的输出电压。从图 3-28 和图 3-29 对比可知（阴极电极材料不同，其他条件均相同），在 MFC 阴极室内加入含铀废水之后，电池在第二个周期表现出最好的输出电压。其中碳刷作为阴极电极的 MFC 输出电压要高于碳布作为阴极电极的 MFC 的输出电压。根据图 3-29 和图 3-30 对比可知(阴极启动方式不同,其他条件均相同),采用异位方式启动的 MFC 输出电压的稳定性和最大值要远高于原位启动的 MFC 输出电压。采用异位式启动的 MFC 在阴极室内加入含铀废水之后,在前 5 个周期内均表现出较好的输出电压,最高稳定电压可达 100 mV,最低稳定电压也可为 50 mV。

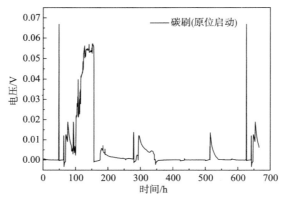

图 3-28　碳刷原位启动 MFC 长期时间—电压图

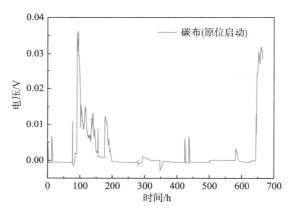

图 3-29　碳布原位启动 MFC 长期时间—电压图

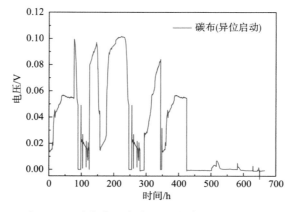

图 3-30　碳布异位启动 MFC 长期时间—电压图

2. MFC 的稳定运行的铀去除率变化情况

MFC 的去污能力是评价 MFC 效能的一个重要指标，在每个运行周期结束后，对 3 组 MFC 阴极室内的电解液进行铀含量检测，结果如图 3-31 所示，在阴极室内加入含铀废水的前 4 个周期中，3 组电池对铀的去除率有明显的差异。其中第 3 个周期和第 4 个周期最为明显。3 组电池对六价铀的去除均表现出较好的效果，且均存在一定程度的波动。以碳布作为阴极电极采用异位启动的 MFC 除铀效果稳定性最好，但对铀的最大去除效率稍低。以碳刷作为阴极电极采用原位启动的 MFC 表现出稍差的稳定性，但对铀的最大去除效率较高，欠缺持久性。总体看来，3 组电池对六价铀的去除率均可达到 95% 以上，没有存在明显差异。其原因可能是：本研究采用生物阴极型微生物燃料电池，阴极室内存在微生物群落，微生物本身对六价铀存在吸附和还原的作用，加之 MFC 的固有特性，从而获得较高的除铀效能。

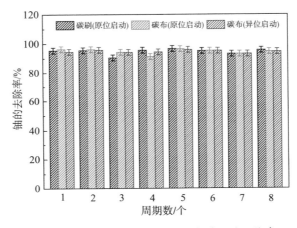

图 3-31　生物阴极型 MFC 长周期对铀的回收率

3. MFC 的稳定运行的欧姆内阻变化规律

欧姆内阻主要来自离子在电解质内迁徙以及电子在电极移动时的电阻。本实验研究中，MFC 阴极室加入含铀废水之后，在运行每个间歇运行周期开始 24 h 后，使用电化学工作站对 3 组电池进行阻抗测试，测试时间为 8 个周期，结果如图 3-32 所示。由图可知，3 组电池的欧姆内阻均表现出波动性，其中以碳布作为阴极电极的 MFC 欧姆内阻变化幅度最大。由于启动方式的不同，以碳布作为阴极电极的 MFC 的欧姆内阻变化也存在较大差异。对于采用原位启动的 MFC 来说，电池的欧姆内阻呈现出先上升后下降再上升的趋势，而采用异位启动的 MFC 的欧姆内阻则表现出先下降再上升的波动，碳刷作为阴极电极的 MFC 的欧姆内阻的变化规律与碳布作为阴极电极采用异位启动的 MFC 相似，但是变化幅度较小。其部分原因与电极材料本身的性质有关，如电极材料的导电性，比表面积，表面粗糙度等。除此之外，还与 MFC 体系中微生物的活性息息相关，具体表现在微生物在电极上的覆膜，生物膜的厚度，电解液中悬浮微生物的数量，微生物对质子交换膜黏附等。欧姆内阻的波动变化侧面反映了电极上生物膜的老化与更新。

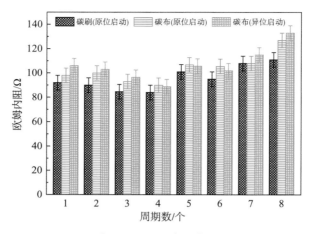

图 3-32 欧姆内阻变化

3.2.6 杂质离子对 MFC 性能的影响

由于含铀废水的多样性，不同的含铀废水的特性相差较大。为考察本研究构建的生物阴极型 MFC 对含铀废水的适应性，在此开展了 MFC 从模拟铀矿山含铀废水中回收铀的效能研究。铀矿山开采时的含铀废水具有杂质离子种类繁多、杂质离子浓度较大和 pH 较小等特点。模拟的含有各类杂质离子的铀矿山开采排放的含铀废水和无干扰离子的含铀废水，经过 pH 调节、混合微生物和 MFC 处理不同时间的测得结果如表 3-1 所示。从获得的结果可知，在各类干扰离子的作用下，当 pH 调整到 7.0 时，模拟液中各类离子的可得到大部分的去除，特别是铝、铁和铀的去除非常明显。铝铁在 pH 调整过程中可能起到了混凝作用，连同铀一起得到了去除。对于未含干扰离子的模拟含铀废水，pH 调整后，也有大量的铀从水溶液中分离。在后续开展的阴极液混合、微生物混合处理和 MFC 阴极室处理过程后，含干扰离子的模拟溶液中的钙、镁和硫被进一步去除。对于未含干扰离子的含铀废水，阴极液的混合引起了铀的少量去除，然后微生物的混合过程也去除了大量的铀离子，MFC 阴极处理过程则分离回收了剩余的大量的铀。由此可知，铀矿山的含铀废水，调节 pH 即具有较好的铀去除效果。而对于干扰离子较少了的含铀废水，在调节 pH 后未能完成大量的铀的去除，可通过生物阴极型 MFC 则可实现该类含铀废水中铀的高效去除，而达到铀回收的目的。含干扰离子较少的含铀废水包含铀污染的地下水、铀矿山预处理后的排出水以及其他干扰离子较少的污水等。在此可明晰生物阴极型 MFC 处理含铀废水的有限范围和铀回收特色。

表 3-1　模拟含铀废水中干扰离子存在时 MFC 对铀的回收效能　　　　　　mg/L

元素 测试条件	含干扰离子						无离子干扰
	Al	Ca	Fe	Mg	S	U	U
初始	64	192	463	83.8	1997	40	40
调节 pH	< 0.20	185.58	< 0.20	85.23	603.67	< 0.20	28.36

测试条件 \ 元素	含干扰离子						无离子干扰
	Al	Ca	Fe	Mg	S	U	U
阴极液混合	< 0.20	12.18	< 0.20	50.06	456.44	< 0.20	24.66
微生物混合	< 0.20	13.01	< 0.20	31.92	420.66	< 0.20	12.82
反应24 h	< 0.20	10.35	< 0.20	12.31	405.35	< 0.20	0.63
反应48 h	< 0.20	22.54	< 0.20	38.76	397.08	< 0.20	0.46
反应72 h	< 0.20	13.55	< 0.20	32.64	379.43	< 0.20	0.46
反应96 h	< 0.20	22.91	0.29	32.71	380.79	< 0.20	0.42

3.3　生物阴极型 MFC 回收铀的机理分析

在全面考察两种阴极材料负载微生物对含铀废水中的铀的处理或回收效能后，利用阴极表面形态的对比、阴极表面物质晶体结构的探索、阴极表面物质的价态解析等，由此分析整个 MFC 体系对含铀废水的处理机制。在此基础上，进一步进行微生物的菌群检测，分析出优势菌群、菌群差异和菌群互作等，探究生物阴极微生物对铀的去除机理。

3.3.1　生物阴极型 MFC 体系对铀的回收机制

1. 碳刷负载微生物的阴极对铀回收的解析

（1）碳刷负载微生物的阴极铀回收前后形貌对比

碳刷为 MFC 阴极材料时的形貌如图 3-33 所示，构成碳刷的碳纤维使用前后的对比而言，碳刷的碳纤维结构发生的变化量非常小，稳定的结构是其在处理污染物的重要保障之一。在水中可长期保持稳定也是多数研究中使用碳刷作为阴极的重要原因。碳刷的碳纤维表面比较光滑，在运行了多个周期后，其表面负载了一定数量的微生物或者沉淀

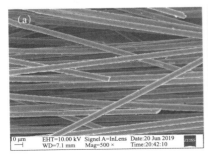
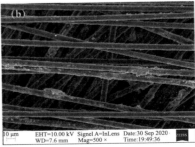

图 3-33　碳刷阴极表观情况对比：

（a）碳刷使用前；（b）碳刷使用后

物。相对而言，每根碳纤维的沉积的物质的数量不是很多。相对光滑的碳纤维可能为沉积物附着的位置不够或时间减少，但是也为电化学过程形成的沉淀物的剥落提供了机会。由此可知，碳纤维不仅需要满足沉淀的功能，同时对脱附也要具备一定的能力。保持一定的吸附能力、电化学能力和脱附能力，在含铀废水中铀的去除提供了较好的条件保障。

（2）碳刷负载微生物的阴极铀回收后元素分布

考察了碳刷碳纤维使用后其表面的主要元素 Si、Al、Fe、C、O、P 和 U 的表面分布情况，如图 3-34 所示。从分布情况来看，Si、Al、C 和 O 的分布伴随碳纤维和颗粒物而分散，主要表现为 Si、Al 和 O 主要在沉淀物的表面，也即在颗粒物的表面型号比较明显。该 3 种元素可能是沉淀物构成的主要元素。而对于 C 元素，这是碳纤维和其

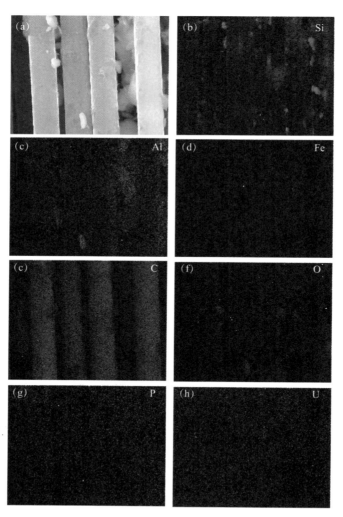

图 3-34　碳刷阴极铀负载后 Mapping 分析：
（a）碳刷阴极使用后 SEM；（b）Si 元素分布；（c）Al 元素分布；（d）Fe 元素分布；
（e）C 元素分布；（f）O 元素分布；（g）P 元素分布；（h）U 元素分布

表面的沉淀物均有。Fe、P 和 U 的分布不同于其他元素，该 3 种元素的信号则处于一种均匀状态，均匀状态可能表面测试信号的微弱性或者要归结于在碳纤维的表面形成得更加细微的颗粒物，也可能显示出电化学处理铀均匀处理的潜力。

（3）碳刷负载微生物的阴极铀回收后表面物晶体情况

碳刷碳纤维负载微生物后，开展 MFC 体系从含铀废水的中铀回收的研究。对运行稳定的 MFC 阴极的负载含铀物质的碳纤维开展 XRD 表征，如图 3-35 所示。从获取的 XRD 图谱可知，长期电化学反应后，碳纤维表面附着的表面物或沉淀物的未形较好的晶体形态，XRD 图谱的峰尖锐程度属于一般水平，此外，谱图的杂峰较多。通过同物相库的比对，可知杂峰可较好对应的物质为 SiO_2 和 $K_4UO_2(PO_4)_2$。硅的存在同 Mapping 的结果较相同，但在微生物的营养物中未添加任何含硅

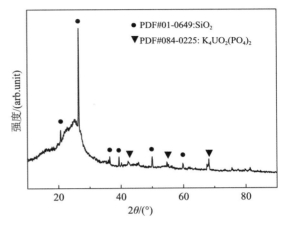

图 3-35　生物阴极碳刷反应后 XRD

的物质，该物质可能来自微生物的体内或者碳纤维本身所含有物。对于 $K_4UO_2(PO_4)_2$ 该类物质，应为阴极产生的新的物质。在该物质中铀的价态为六价，由此可知含铀废水中的铀可被回收可能是在 MFC 的阴极室发生了化学沉淀作用。由此可知化学沉淀作用可能是铀被去除的路径之一。在 $K_4UO_2(PO_4)_2$ 中，钾和磷的来源可能来自微生物的体内或来自阴极的营养液中，对于这几种物质的结合方式，还需进一步的研究。

（4）碳刷负载微生物的阴极铀回收后表面物价态

图 3-36~图 3-40 为碳刷阴极负载微生物回收铀后各元素形成的物质的价态情况。重点对碳、氧、氮、磷和铀进行详图分析。图 3-36 显示碳刷阴极负载微生物的碳纤维的碳主要构成以 C—OH 和 C—H 为主，两种关于碳同羟基和氢的结合方式，可能为微生物的表面物质。此外，若为微生物的表面的碳结构形式，则十分有利于铀的吸附过程。对于氧而言（图 3-37），氧在阴极的表面则是以吸附氧的形式存在。吸附氧的存在方式表明，在碳纤维表面形成的物质构成晶体的可能性较小，该结果同 XRD 的结果较一致。氮在碳纤维的表面形成的方式比较多，主要表现出 N—H 和 C＝N（图 3-38）。氮的来源有营养液、微生物的自身或者微生物的分泌物等，如氮的多表现形式较为相同。图 3-39 中显示磷的价态为正六价，表明从营养液中或者微生物释放的磷的价态未改变。图 3-40 是铀的价态情况，铀的价态显示有部分的四价铀形成，四价铀的形成，可能来自微生物的自身的化学还原过程，也可能来自 MFC 整个体系的电化学还原过程，然而铀被还原也是铀被沉淀而被回收的重要途径之一。

2. 碳布负载微生物的阴极对铀回收的解析

（1）碳布负载微生物的阴极铀回收前后形貌对比

碳布阴极也是 MFC 制备和运行时比较重要的电极之一，在前期的铀回收效能的实

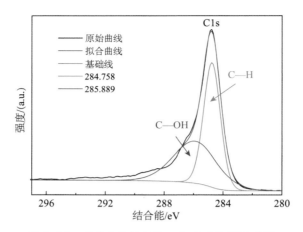

图 3-36　碳刷生物阴极铀回收后碳的 XPS 详图

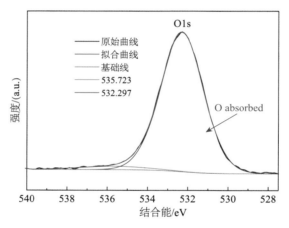

图 3-37　碳刷生物阴极铀回收后氧的 XPS 详图

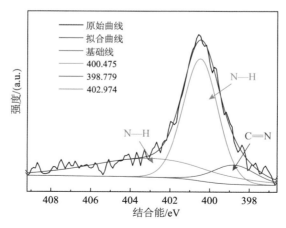

图 3-38　碳刷生物阴极铀回收后氮的 XPS 详图

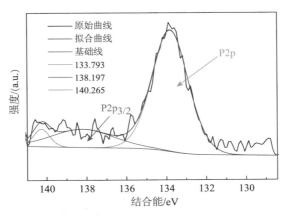

图 3-39　碳刷生物阴极铀回收后磷的 XPS 详图

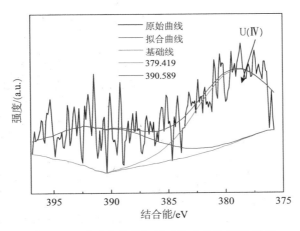

图 3-40　碳刷生物阴极铀回收后铀的 XPS 详图

验中，其也表现出相应的特点。在此对该电极铀回收前后的形貌进行对比，结果如图 3-41 所示。从图 3-41 中可知，相比碳刷的碳纤维，碳布的碳纤维的表面相对较粗糙。碳布的碳纤维直径约 5 μm，在碳布上的排布不是很规整。各碳纤维的交互较多，

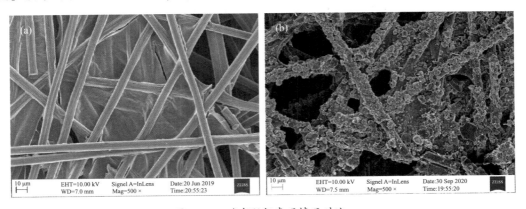

图 3-41　碳布阴极表观情况对比：
（a）碳布使用前；（b）碳布使用后

为碳布的导电性提供了基础。碳布在阴极运行至稳定成熟阶段后，相比碳刷碳纤维的负载情况，碳布的负载量较好，表明碳布在运行过程中对微生物或者形成的颗粒物的结合性较好。较好的结合性为 MFC 的产电性能和对铀的去除性能提供了较好的作用。然而当颗粒物结合到一定程度后，碳纤维需要保持一定的脱附功能，脱附功能可使 MFC 可持续对含铀废水中铀的去除。

（2）碳布负载微生物的阴极铀回收后元素分布

图 3-42 为负载微生物碳布阴极除去含铀废水中铀后表面的 Mapping 结果。从图中可知，扫描重点关注的 Si、Al、Fe、C、O、P 和 U 元素在图中均有较好的信号，其中

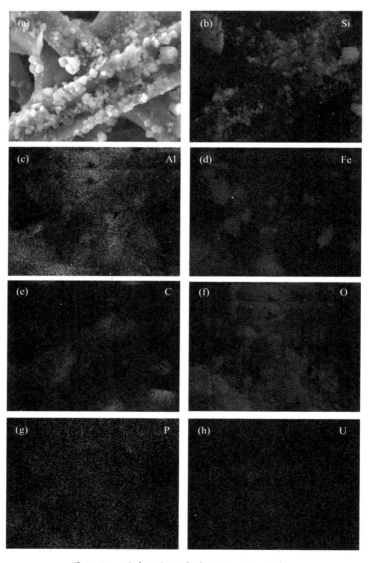

图 3-42　碳布阴极铀负载后 Mapping 分析：
（a）碳布阴极使用后 SEM；（b）Si 元素分布；（c）Al 元素分布；（d）Fe 元素分布；
（e）C 元素分布；（f）O 元素分布；（g）P 元素分布；（h）U 元素分布

Si、Al、Fe、C 和 O 的图谱信号最为明显，且该 5 种元素同表征范围内的特征较一致，表明该 4 种元素可能是构成碳布碳纤维的表面和表面负载物的主元素。对于 P 和 U 元素而言，虽然有较明显的图谱信号，但是同表征范围内的特征有所差别，该类差别可能是测试范围内含有较好的分布。此外，P 和 U 元素的同类分布也可能表明了该两种元素形成了共同化合物。

（3）碳布负载微生物的阴极铀回收后表面物晶体情况

碳布生物阴极的 XRD 表征结果如图 3-43 所示。同碳刷碳纤维上的表现不同，碳布碳纤维表面上的颗粒物成晶情况较好。颗粒物的晶体对比显示形成的物质可能为 SiO_2 和（UO_2）$_2P_6O_{17}$ 两种物质。谱图的杂峰较少，表面形成的物质纯度较高。对于形成的 SiO_2，该物质可能为碳布碳纤维上的原有物质。而对于（UO_2）$_2P_6O_{17}$，该物质中铀的价态为正六价，表明铀的分离可能由化学沉淀而被从含铀废水中去除。

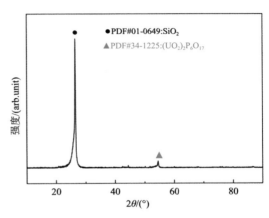

图 3-43　生物阴极碳布反应后 XRD

（4）碳布负载微生物的阴极铀回收后表面物价态

图 3-44~图 3-48 是碳布负载微生物的阴极铀回收后表面物价态的表征结果。如图 3-44 所示，碳的表现方式为 C—H，相比碳刷的碳纤维上的碳的情况，碳的表现方式减少。对于氧的情况（图 3-45），氧主要为吸附氧。氮的表现方式主要为 N—H$_2$、C—N 和 P—N，同样可能也是微生物成分的主要表现方式（图 3-46）。对于磷而言（图 3-47），磷的价态主要为六价和五价。铀的价态则主要为四价铀和六价铀，且四价铀的比例占较高（图 3-48）。四价铀的大量存在，表明了 MFC 体系的电化学作用对铀具有较好的还原作用。表明电化学还原作用也是 MFC 去除含铀废水中铀的重要方式。

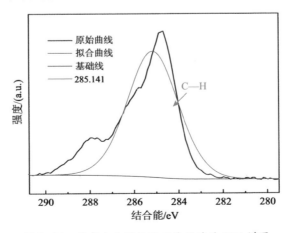

图 3-44　碳布生物阴极铀回收后碳的 XPS 详图

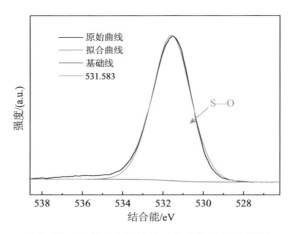

图 3-45 碳布生物阴极铀回收后氧的 XPS 详图

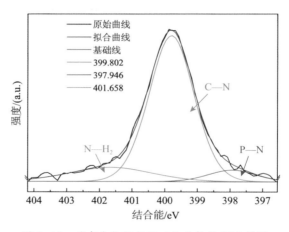

图 3-46 碳布生物阴极铀回收后氮的 XPS 详图

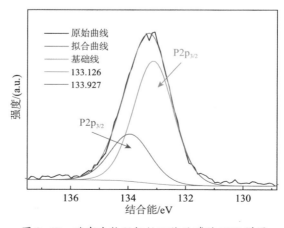

图 3-47 碳布生物阴极铀回收后磷的 XPS 详图

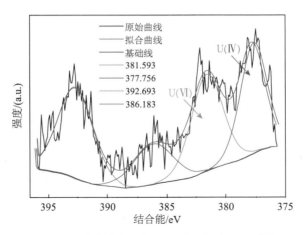

图 3-48　碳布生物阴极铀回收后铀的 XPS 详图

3. 铀回收过程对阴极室污泥的影响分析

（1）阴极室污泥微生物观察分析

通过驯化作用，在 MFC 的阴极室形成了稳定的污泥和生物阴极。利用显微镜技术低倍观察污泥的相关性状，如图 3-49 和图 3-50 分别为稳定的阴极污泥和添加铀一定时间后的污泥。对比来看，污泥发生了较大的变化，从污泥的颜色、污泥颗粒大小和原生动物角度开展比较。成熟的阴极污泥，添加含铀废水一段时间后，污泥的颜色由灰色逐渐出现黄绿色的现象；污泥颗粒则开始变大，且变大的颗粒感觉为小范围的絮状性的团聚过程；原生动物数量变少。以上 3 种现象的产生，同含铀废水的添加有直接联系，即含铀废水对驯化好的阴极污泥有重大的影响，可能是其金属毒性的影响。此外，含铀废水的放射性可能对直接接触的微生物均有一定的影响。对于新形成的微生物团体对含铀废水具有良好的处理作用，表明了新形成的菌群对含铀废水具有良好的处理作用。此外，新形成的微生物菌群还需进一步的进化，才能适应对含铀废水更加长期的处理需求。

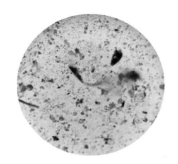

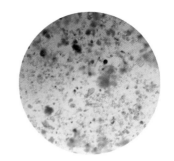

图 3-49　阴极室污泥在加铀前的显微镜观察　　图 3-50　阴极室污泥在加铀后的显微镜观察

（2）阴极室污泥前后显微镜对比分析

取出成熟的阴极污泥和含铀污泥进行形貌比较，结果如图 3-51 所示。同显微镜观察到的现象比较类似，在低放大倍数下，成熟的阴极污泥的分散性较好，而含铀的阴极污泥颗粒在整体上尺寸稍大一些。在较高的放大倍数下，两种污泥的表面有较大的区别。对于成熟的阴极污泥颗粒的表面还有较多的细小颗粒物，而含铀的阴极污泥颗粒表面的细小颗粒物则减少比较明显。结合程度和表面细小颗粒物的不同，可能都是含铀废水添加而引起的。即含铀废水提高了污泥的结合性，但淘汰了更多的细小物质。结合性的加强和细小颗粒物的减少可能会减小生物型阴极的性能，该现象同效能测试的结果较为相同。

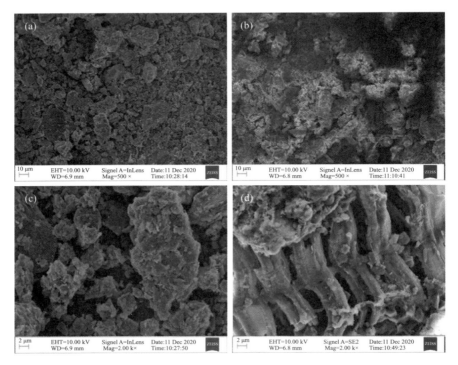

图 3-51 阴极室污泥加铀前后的形貌对比：
（a）未添加铀污泥 SEM 图（500 倍）；（b）添加铀污泥 SEM 图（500 倍）；
（c）未添加铀污泥 SEM 图（2000 倍）；（d）添加铀污泥 SEM 图（2000 倍）

（3）阴极室污泥前后能谱 EDS 分析

对成熟的生物阴极污泥和含铀的生物阴极污泥进行 EDS 分析，结果如图 3-52 和图 3-53 所示。从能谱扫描的结果可知，成熟的生物阴极室污泥在添加含铀废水的前后，其表面的元素情况也发生了重大的变化，主要表现为元素种类的较少，和其他元素的含量变化明显。具体表现为含铀的生物阴极室污泥表面表现出了 Si、P 和 U 元素的富集现象，该现象同阴极上的 XRD 表现类似，表面铀的去除确实磷有一定的相关性。而污泥表面也含有一定的铀量，表面污泥也具有一定的铀去除能力。

（4）阴极室污泥前后 Mapping 角度

借助扫描电镜的 Mapping 手段对阴极室成熟的污泥和含铀的阴极室污泥进行扫描（图 3-54 和图 3-55）。重点开展的元素包含 O、C、N、P 和 U。从获得的结果可知，O、C、N 和 P 作为污泥的主要组成元素，在各信号图片中均信号明显。其中 P 在个别颗粒物的信号突出，表明颗粒物中聚集了磷的成分。对于铀元素而言，铀的信号图片则

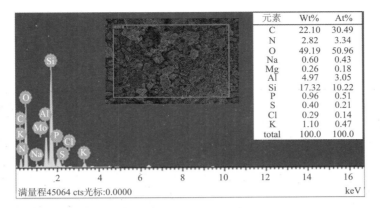

元素	Wt%	At%
C	22.10	30.49
N	2.82	3.34
O	49.19	50.96
Na	0.60	0.43
Mg	0.26	0.18
Al	4.97	3.05
Si	17.32	10.22
P	0.96	0.51
S	0.40	0.21
Cl	0.29	0.14
K	1.10	0.47
total	100.0	100.0

满量程45064 cts光标:0.0000

图 3-52 阴极室污泥加铀前 EDS 分析

元素	Wt%	At%
C	23.56	33.71
N	2.08	2.55
O	42.57	45.72
Al	6.93	4.41
Si	18.83	11.52
P	1.75	0.97
K	2.19	0.96
U	2.09	0.15
total	100.0	100.0

满量程367 cts光标:0.0000

图 3-53 阴极室污泥加铀后 EDS 分析

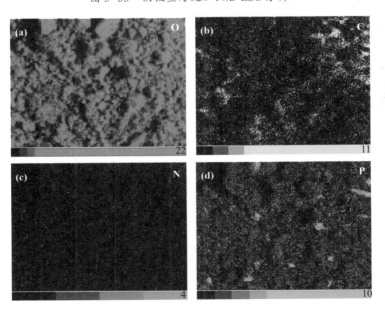

图 3-54 阴极室污泥加铀前 Mapping 分析:
(a) O元素;(b) C元素;(c) N元素;(d) P元素

同其他不同，呈现出全局比较均匀地分布现象，点状信号。未同磷的局部有较明显的聚集状态，表明铀的分离除同磷的可能结合外，还存在其他结合方式。故铀同磷的共沉淀和其他沉淀方式共同组成了铀从 MFC 阴极分离的机制。

图 3-55　阴极室污泥加铀后 Mapping 分析：
(a) O 元素；(b) C 元素；(c) N 元素；(d) P 元素；(e) U 元素

4. MFC 体系中的阳极变化情况分析

阳极前后形貌对比

在稳定的生物阴极添加一定浓度的含铀废水后，为获得含铀废水对阳极的影响，开展阳极的变化情况的对比研究。图 3-56 到图 3-58 分别为原始碳布、负载微生物阳极碳布和含铀的负载微生物阳极碳布的形貌情况。阳极碳布负载的微生物厚度大约 3~5 μm，覆盖率较好，且微生物之间相对比较紧凑。含铀废水添加至阴极后，对阳极的铀浓度也进行了一定的检测，检测发现阳极室里也含铀一定浓度的铀离子，该部分铀离子可能通过 PEM 膜渗透至阳极室。从形貌的表征情况可知，当在阳极室含有微量浓度的铀后，阳极上的微生物负载情况发生了变化，具体表现出负载了大量的微米级颗粒物。成熟的生物阳极受到微量含铀废水的影响，表明含铀废水对微生物菌群的影响较大。即使是在微弱的浓度下，可对微生物菌群产生较大的影响。由此还可知，如何克服含铀废水对阳极的影响可作为日后重要的研究方向。

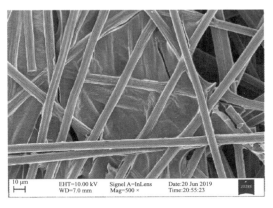

图 3-56　阳极碳布微观形貌

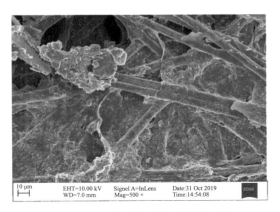

图 3-57　阳极碳布加铀前微观形貌

图 3-58　阳极碳布加铀后微观形貌

5. 生物阴极型 MFC 回收铀的机理

图 3-59 为生物阴极型 MFC 体系对含铀废水中铀的回收示意图。通过 3 阶段逐步建立生物阴极型 MFC 体系稳定从含铀废水中实现铀的回收。第一阶段，生物型稳定阳极的形成+非生物阴极，阳极有机物质被阳极的产电微生物催化分解，在外接电路传递电子和质子交换膜透过氢离子的作用下，实现 MFC 体系的产电过程；第二阶段，在阴极室开展非生物阴极的驯化，在此阶段阴极上形成了比较稳定的微生物膜，连同阴极室的微生物共同形成生物型阴极，该阶段 MFC 体系继续产电，且实现了阴极对含有污染物的废水的处理；在第三阶段，含铀废水逐渐添加至生物型阴极中，含铀废水添加后，同时对阴极和阳极室中的微生物造成影响。此外在阳极上、阳极污泥、阴极上和阴极污泥均发生了分离现象。分离现象产生的原理是部分铀同含磷的基团相结合而沉淀，在阴极上则大部分通过电化学还原的方式形成了四价铀的方式沉淀。整体而言，生物阴极型 MFC 可高效实现从含铀废水中对铀的分离或回收过程，实现了研究的相关目的。

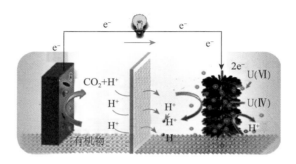

图 3-59 生物阴极型 MFC 体系对铀的回收示意图

3.3.2 MFC 生物阴极除铀的机理

1. MFC 生物阴极微生物群落分析

（1）样本序列对比

对测序的各样品的原始序列进行质控，以保障测序的有效性，包括去除 Barcode、测试基团的两端 Primer 以及部分很低质量的碱基序列，此外，还去除了嵌合体及靶区外的其他序列。从表 3-2 可知，原泥和阴极的污泥泥样质控后的序列数量分别为 70 560、67 650、76 990、70 060、68 751。长度均在 350~500 之间，平均长度 412~422 之间，相对比较均匀。数量较多，且碱基长度合适，满足序列分析的相关要求。

表 3-2 MFC 各部分污泥微生物分析结果

Group	Sample	Barcode	SeqNum	BaseNum	MeanLen	MinLen	MaxLen
O	OS	CTCCTG	70 560	29 756 715	421.72	358	466
B	B0	AATATC	67 650	28 377 343	419.47	359	467
B	B1	AAGCTC	76 990	31 733 104	412.17	362	469

续 表

Group	Sample	Barcode	SeqNum	BaseNum	MeanLen	MinLen	MaxLen
C	C0	TTCCAT	70 060	29 327 706	418.61	373	466
C	C1	TCTAGG	68 751	28 725 483	417.82	353	472

（2）微生物多样性分析

对各样品中的碱基序列按其序列间的距离进行聚类，然后根据序列间的相似性超过0.97的阈值，形成操作分类单元（OTU）。表3-3为在OUT的基础上，计算各污泥微生物的 Alpha 多样性指标，这些标本具体包含了 Ace 指数、Chao 指数、Shannon 指数和Simpson 指数。从表中可知样品 OUT 处理时的覆盖率（Coverage）均超过了 0.97，表明OUT 的代表性优异，未被检出或分类的概率极低。此外，Ace 指数和 Chao 指数主要用于对污泥中微生物群落结构的丰富度进行评价，Shannon 指数和 Simpson 指数主要用于表征污泥中微生物的多样性。从表中可知，原泥泥样样品（OS）的 Ace 指数和 Chao 指数相比各样为最大，表面了所取的原泥中的微生物群落结构的多样性丰富。在电极室或者电极上进行一段时间的发展后，各污泥样品的 Ace 指数和 Chao 指数有所下降，但相比而言，仍旧保持了较丰富的微生物群落结构。依据 Shannon 指数和 Simpson 指数，原泥泥样样品（OS）的微生物多样性最好，电极之间、电极室和电极上的污泥之间的微生物的多样性有一定的差异。Shannon 指数显示出各电极上污泥的微生物多样性要好与电极室污泥的微生物多样性。表明电极作为 MFC 反应的主要部位，较多的微生物保障了各反应的顺利进行。

表 3-3 MFC 各部分污泥微生物 Alpha 多样性统计表

Sample	Number	OTUs	Ace	Chao	Shannon	Simpson	Shannoneven	Coverage
OS	45 683	985	1 011.829	1 025.679	4.869 405	0.067 453	0.706 464	0.998 511
B0	54 139	723	896.108 8	899.165	3.595 367	0.094 453	0.546 125	0.996 472
B1	60 170	872	960.382 9	984.159 1	4.391 472	0.032 215	0.648 591	0.997 657
C0	52 285	667	891.937 1	856.523 8	3.867 929	0.052 429	0.594 811	0.996 175
C1	49 060	795	939.773 7	928.524 6	4.115 577	0.043 52	0.616 257	0.996 311

图 3-60～图 3-63 为以污泥样品中的随机抽取序列数为横坐标，以 OUT 数量、Shannon 指数、Chao 指数和 Ace 指数为纵坐标分别绘制了丰富度稀疏分析图、Shannon 指数图、Chao 指数图和 Ace 指数图。以 OUT 数量为纵坐标绘制丰富度稀疏分析图可知，各样品的曲线在较大的样品数时曲线均趋近于较平坦，表明测试取样的数量较合理，可以较客观地反映取样的深度。此外，所得的 Shannon 指数图、Chao 指数图和 Ace 指数图的趋向性也较好，表明各样品的菌群信息可以较全面反映各样品中的微生物的多样性。综合 Alpha 多样性统计表和各指数图，可知用于处理含铀废水的生物阴极型 MFC 体系的菌群的多样性较好，且生物阴极在含铀废水的条件下运行时也保持了较好的微生物菌群的多样性，即在以原泥泥样样品（OS）为基础驯化形成的阴极体系中含有较多的

耐铀菌种，为 MFC 对铀的去除打下了较好的基础。

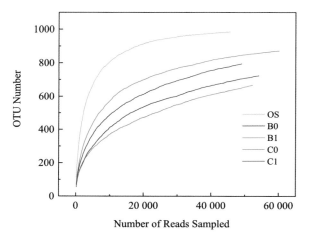

图 3-60　微生物多样性分析—丰富度稀疏分析图

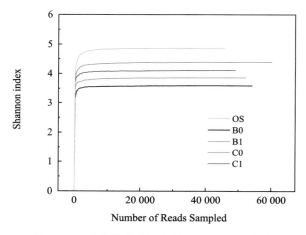

图 3-61　微生物多样性分析—Shannon 指数图

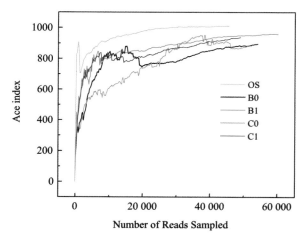

图 3-62　微生物多样性分析—ACE 指数图

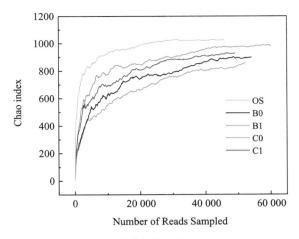

图 3-63 微生物多样性分析—Chao 指数图

（3）微生物群落差异性分析

为深入开展 MFC 各部分污泥中微生物群落结构的差异，对原泥组（O）、阳极未含铀组（B）和阴极含铀组（C）进行 OUT 韦恩图分析（图 3-64）。

O 组、B 组和 C 组的总 OUTs 数分为 985 个、944 个和 884 个。3 组的 OUTs 全部共有的组数为 618 个，分别占各自组数的百分比约为 62.74%、65.46%和 69.9%。表明原泥组 O 组经过在阴极驯化具有相应的功能后，菌群差异性显示出变化较明显。对阴极未含铀组 B 和阴极含铀组 C 进行分析，两组共有组数为 759 个，分别占各自组数的 80.4%和 85.9%。结合 97%相似在 OUT 级的同源

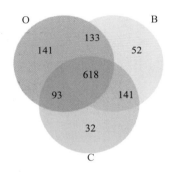

图 3-64 OUT 韦恩图

性对样品建立的进化树图 3-65，可知 C0 和 C1、B0 和 B1 具有同源性，该同源性均有原泥组 OS 发展而来，与试验结果相似。然而 OS 组同 B 组合 C 组的菌群结构具有相当的差异。阴极在未含铀是的菌群的多样性较高，而有铀参与后，阴极的菌群多多样性减少，表明铀的添加，对菌群多样性的发展有一定的影响，也或许是存留了抗铀的菌群。

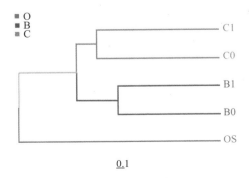

图 3-65 OUT 级的进化树

(4)微生物群落结构解析

为分析 MFC 各部分采得污泥样品中的微生物群落结构的变化情况，对元素的原泥(OS)、阴极室成熟污泥(B0)、阴极上成熟污泥(B1)、阴极室含铀成熟污泥(C0)和阴极上含铀成熟污泥(C1)等 5 类泥样中的微生物菌群按门、属水平进行分类解析(图 3-66)。

1)门水平分类解析

由图 3-66 可知，5 种泥样中的微生物按门分类水平的主要共有的 Proteobacteria(变形菌门)和 Bacteroidetes(拟杆菌门)。变形菌门和拟杆菌门主要为产电菌门及耐重金属性菌门。作为 5 种污泥样品中主要的共有的菌门，两种菌门在各污泥样品中的表现也有很大的不同。变形菌门在 OS 样中占据比例高达 56.13%，表明原所用原泥中变形菌门所占比例较大。变形菌门在阴极受到了一定的抑制作用，特别是在铀溶液未加入时，阴极上的变形菌门仅有 24.60%。以此可知作为产电菌的变形菌门因电场的作用，而被筛选。然而当阴极加入一定的含铀废水后，变形菌门在阴极室和阴极上的比例分别提升到39.77% 和 35.39%，这可能表明变形菌门具有较好的耐铀能力。

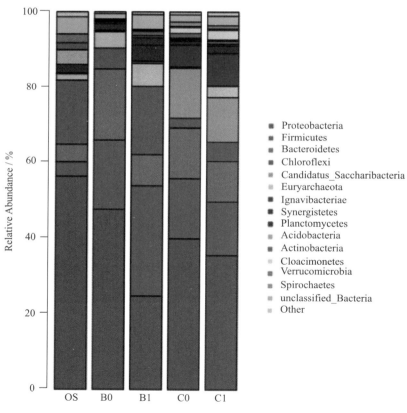

图 3-66　原泥和阴极泥样细菌在门分类水平的分布

对于拟杆菌门而言，原泥污泥样中微生物菌群按门分类水平为 4.78%，该菌门在阴极得到了很好的发展，在各部位中最低的比例为 8.26%(阴极上)，而最高部位高达

19.13%（阴极室）。这表明了阴极营养液均较适宜拟杆菌门的培养与生长。若与阴极相比而言，含铀废水的加入对拟杆菌门的影响较小，表明了该菌门具有较高的耐铀能力。

Chloroflexi（绿弯菌门）也是 OS 样品中主要的菌门之一，占据比例高达 17.18%。但其在 MFC 各部的检测结果具有其自身的特殊性，具体表现为：该菌门在阴极室均受到了强烈的抑制作用而减少，但是在阴极上得到了较好的生长，表明了该菌门也是一种较良好的产电和具有耐铀能力的菌群。

因 MFC 的生物阴极是铀去除的重点部位，对该部位进行单独对比加含铀废水前后阴极室和阴极上的微生物菌群变化情况。从中可以发现，Firmicutes（厚壁菌门）虽然在原泥 OS 中所占比例（3.77%）较低，但在阴极中得到了很好的发展，阴极未添加含铀废水时阴极室和阴极上的比例可分别高达 18.45% 和 29.07%。表明了厚壁菌门是较好的阴极反应菌门。含铀废水添加后，厚壁菌门在阴极室和阴极上分别下降至 15.86% 和 13.95%，表明了含铀废水对厚壁菌门具有一定的抑制作用。然而厚壁菌门在阳极的高比例存在为阴极的营养物质的分解和铀离子的分离还是起到了重要作用。继续比对阴极的重要菌群可以发现，Ignavibacteriae（嗜热菌门）和 Candidatus_ Saccharibacteria（糖化菌门）在含铀废水添加到阴极后得到了重要发展，对于阴极室而言，该两种菌门分别从 0.32% 和 0.003 6% 提升至 5.73% 和 13.46%，对于阴极上而言，该两种菌门则分别从 0.58% 和 0.009 97% 提升至 8.72% 和 11.8%。由此可知，嗜热菌门和糖化菌门具有极高的耐铀性能，两种菌门可作为含铀废水的 MFC 生物阴极处理的重要纯化和培养菌门。

2）属水平分类解析

为进一步解析成熟 MFC 生物阴极和含铀生物阴极的菌群结构及功能，从属水平的对菌群进行详细分析，5 类样品的结果分别如图 3-67～图 3-71 所示。对测试结果整体进行分析，从各图中可知，测试结果大致可分为 3 种情况，一是可被分析菌属（45%～75%），二是未能分类菌属（7%～28%），三为其他情况（17%～28%）。在此仅对可被分析菌属进行详细的解析，对未能分类和其他情况的菌属可作为研究工作的进一步研究方向。

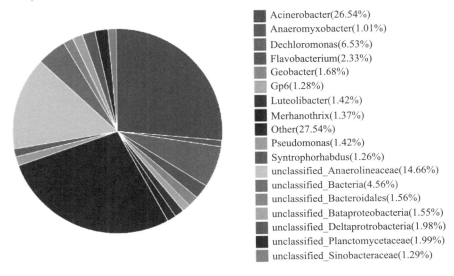

图 3-67　原泥泥样（OS）在属分类水平的分布

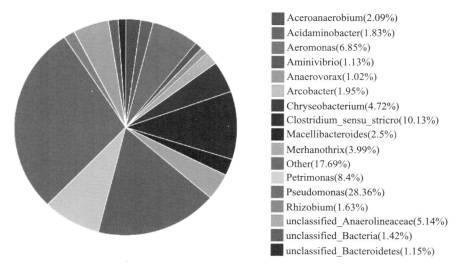

Aceroanaerobium(2.09%)
Acidaminobacter(1.83%)
Aeromonas(6.85%)
Aminivibrio(1.13%)
Anaerovorax(1.02%)
Arcobacter(1.95%)
Chryseobacterium(4.72%)
Clostridium_sensu_stricro(10.13%)
Macellibacteroides(2.5%)
Merhanothrix(3.99%)
Other(17.69%)
Petrimonas(8.4%)
Pseudomonas(28.36%)
Rhizobium(1.63%)
unclassified_Anaerolineaceae(5.14%)
unclassified_Bacteria(1.42%)
unclassified_Bacteroidetes(1.15%)

图 3-68　阴极污泥泥样(B0)在属分类水平的分布

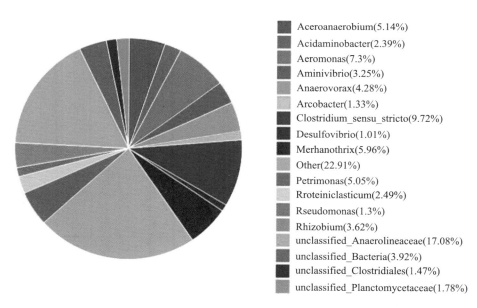

Aceroanaerobium(5.14%)
Acidaminobacter(2.39%)
Aeromonas(7.3%)
Aminivibrio(3.25%)
Anaerovorax(4.28%)
Arcobacter(1.33%)
Clostridium_sensu_stricto(9.72%)
Desulfovibrio(1.01%)
Merhanothrix(5.96%)
Other(22.91%)
Petrimonas(5.05%)
Rroteiniclasticum(2.49%)
Rseudomonas(1.3%)
Rhizobium(3.62%)
unclassified_Anaerolineaceae(17.08%)
unclassified_Bacteria(3.92%)
unclassified_Clostridiales(1.47%)
unclassified_Planctomycetaceae(1.78%)

图 3-69　阴极电极污泥泥样(B1)在属分类水平的分布

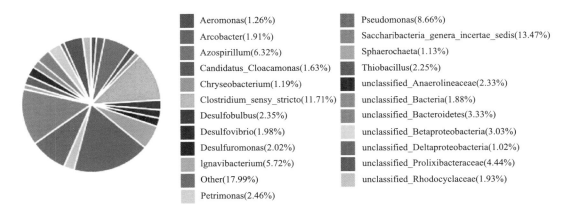

图 3-70　阴极含铀污泥泥样（C0）在属分类水平的分布

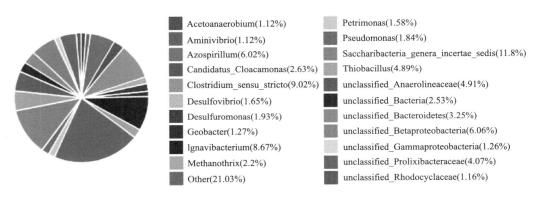

图 3-71　阴极电极含铀污泥泥样（C1）在属分类水平的分布

　　测试结果中原泥（OS）、阴极室污泥（B0）、阴极上污泥（B1）、含铀阴极室污泥（C0）和含铀阴极上污泥（C1）可被分析的属水平的比例分别为 45.27%、74.6%、52.84%、64.05% 和 55.73%，表明绝大多数的菌群从属水平已经分析出。对各样品中占据比例较高或具有特殊作用的菌属进行分析，从测得结果可知 Pseudomonas（假单胞菌属）在 5 类样品中均存在，表明该菌属对阴阳极和含铀水环境均具有较好的生存能力，特别是在成熟的阳极室其比例高达 28.36%。Clostridium_sensu_stricto 菌属和 Petrimonas 菌属仅在阴极出现且在含铀水环境中生存较好，表明该两种菌属是很好的阴极产电菌且耐铀性较好。对于分组而言，原泥中可分析菌属比例大于 1.0% 的有 10 种，其中优势菌属主要有 26.54% 的 Acinetobacter（不动杆菌属）、6.53% 的 Dechloromonas（固氮弓菌属）和 2.33% 的 Flavobacterium（黄杆菌属）等，该几类菌属及其其他类的菌属可表示用于 MFC 产电的原泥的菌属结构丰富，为 MFC 的性能打下了良好的基础。对于成熟的未含铀阴极而言，分析出的大于 1.0% 的为 13 种。在该两组中 Aeromonas（气单胞菌属）比例分别为 6.85% 和 7.3%，然而在含铀废水中其不具备较好的耐铀能力，仅为一种较好的阴极放电菌属。对于成熟的含铀阴极而言，分析出的大于 1.0% 的为 15 种。在该组中出现的新的菌属主要有 4 种，分别为 Azospirillum（固氮螺菌属）、lgnavibacterium、Sac-charibacteria_genera_incertae_sedis（丁酸盐细菌）和 Thiobacillus（硫杆状菌属）。依据该 4 种主要菌属的性质，该成熟阴极不仅具备了对含铀废水中铀的去除能力，同时对含铀废水中的酸根离子（硝酸根或硫酸根）均有一定的去除能力。总结而言，菌属的多样性角度含铀阴极＞未含铀阴极＞原泥，且在含铀阴极的各优势菌属的所占比例不是很高，表明了原泥菌属被功能化驯化后，为适应更复杂的环境，更加趋向于复杂化。而对于含铀废水而言，菌属的复杂化也是应对水质复杂化所要做出的适应性过程，符合需求也符合变化。

（5）阴极菌群的互作关系解析

在此对未含铀阴极和含铀阴极的 4 类样品进行简单的互作关系进行解析，从属分类水平而言阴极室和阴极上的测试结果中，阴极室和阴极上的微生物结构菌属大致相同，故体现了阴极室和阴极上的良好相互作用，也为 MFC 的性能做好了良好的基础。对于含铀的和未含铀的阴极而言，含铀废水的存在确实在很大程度上影响了整个生物阴极，若从形成的生物阴极体系而言，很大程度的影响，表明了含铀废水的多种作用对生物阴极体系的毒性较大，造成了适应含铀水溶液的微生物体系困难，这也和试验研究的过程较一致。此外，适应含铀废水的生物阴极体系的形成，展示了可建立新的生物阴极来处理含铀的可行性；同时也是微生物系统强大体系的再一次展示。研究还需突破的地方主要是快速的形成适应含铀废水的微生物体系，或者直接投放分离提纯的微生物菌属，来达到快速高效的处理含铀废水的需求。

2. MFC 生物阴极膜电化学行为解析

依据微生物群落分析和相关文献，对 MFC 阴极生物膜的电化学行为进行解析（图 3-72）。经过一定时间的培养，在非生物阴极（碳布或者碳刷）的表面形成了一定厚度的微生物膜层后，可维持 MFC 体系的正常净化和产电过程。在该期间开始在生物阴极开始添加含铀废水，含铀废水的加入，使生物阴极体系发生了巨大的变化，主要表现在生物阴极（生物阴极室+含微生物的阴极上）的微生物群落

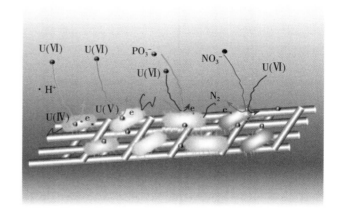

图 3-72 MFC 阴极生物膜电化学出去铀的机理示意图

结构的重大变化。主要是在含铀废水（该含铀废水包含铀离子和硝酸根离子等）的驯化下，形成了适应性的菌属 Azospirillum（固氮螺菌属）、lgnavibacterium、Saccharibacteria_genera_incertae_sedis（丁酸盐细菌）和 Thiobacillus（硫杆状菌属）等，依据文献资料，固氮螺菌属具有促进磷酸盐溶解的作用，磷酸盐的溶解或者在溶液中可有效促进铀酰和磷

酸根的结合，从而形成沉淀物，而使铀得到去除；而对于 lgnavibacterium、丁酸盐细菌和硫杆状菌属则具有在其表面催化利用电子和氢离子的能力，使溶解性的六价铀离子形成沉淀性好的四价铀。由此而言，通过吸附和电场下的综合作用，使高价铀离子被细菌吸附捕获，然后形成化学沉淀过程、电化学还原过程或两种过程交叉进行，从而使含铀废水中的铀离子被生物阴极膜高效被回收或去除，实现了含铀废水的高效持久地净化过程。但从前期的长期性试验来看，生物阴极型 MFC 对含铀废水中铀的回收还需进一步的深入研究，以提高对铀回收的持久性。

第4章

MEC 处理含铀废水

4.1　MEC 处理重金属废水研究进展

　　能源是人类社会发展、经济繁荣的基础，而随着世界人口的爆发增长及经济、工业的快速发展，人类利用自然、改造自然的能力不断提高。一方面，以化石能源（石油、煤、天然气）为主的世界能源体系已不能满足当今社会的需要，人类面临极大的能源危机[102-103]。另一方面，化石能源的大量开采以及使用过程会产生大量含重金属废水，导致水体污染，严重影响着生态环境和人类健康[104-106]。重金属具有高毒性、致癌性、难降解及生物富集等特点，离子形式的重金属进入人体后会使人体内的蛋白质结构发生不可逆转的改变，进而影响人体肾、肝、脾等器官功能障碍[107]。如水俣病、痛痛病、血铅中毒等都是世界公认的重金属毒害事件[108]。其次重金属废水具有水溶性和不可生物降解性[109]，其在常规工艺如化学沉淀法、膜过滤法、离子交换法、吸附法等工艺下去除过程是十分复杂且成本昂贵的[110-111]，所以目前迫切的需要一种绿色、高效的新方法来处理含重金属废水。

　　作为一种新兴的生物电化学前沿技术，微生物电解池（Microbial electrolysis cell，MEC）在 2005 年由两个独立的研究团队（宾夕法尼亚州立大学和瓦格宁根大学）发现，基于微生物燃料电池（Microbial fuel cell，MFC）发展而来[112]，从早期的单一制氢逐渐发展到现在的废水处理、脱盐[113]、化工产品生产以及与其他工艺耦合[114]等。MEC 是依靠产电微生物的催化作用，实现污染物处理与能源产出。近年来，MEC 技术处理含重金属废水以其无二次污染、去除效率高、耗时短、消耗电能低、处理范围广等诸多优势而成为研究的热点。利用 MEC 处理重金属废水是当前废水处理的一个新方向，在能源与环境问题日益严重的今天有着广阔的发展前景，其实际的生产应用也会带来更大的经济效益。

4.1.1　MEC 的工作原理

　　MEC 的基本原理如图 4-1 所示。在外加较小的电压下，阳极利用具有电化学活性的产电微生物氧化分解有机废水（如工业废水、酒厂废水、猪舍废水、市政废水等）或者是纯的有机底物(如乙酸盐、葡萄糖、碳酸氢钠等),释放出电子、质子、二氧化碳;其中电子可通过纳米导线或者细胞内传递等方式转移到阳极表面,随后经过外电路传递到阴极,质子通过扩散的方式运动到阴极室,在阴极室中发生化学催化还原或生物催化还原反应,某些电子受体如 NO_3^-、H^+、金属离子接受电子被还原,并回收相应的氢气、金属等有价产品[115]。以阳极底物为乙酸盐举例,其阳极反应式为:

$$CH_3COO^- + 2H_2O \rightarrow CO_2 + 8e^- + 7H^+ \qquad E^0 = -0.300 \text{ V} \qquad (4-1)$$

阴极反应式为:

$$2H^+ + e^- \rightarrow H_2 \qquad E = -0.414 \text{ V} \qquad (4-2)$$

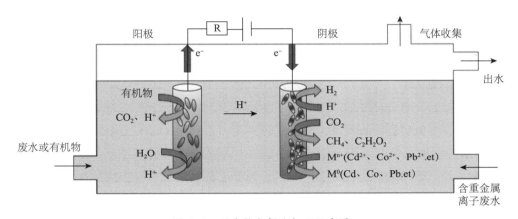

图 4-1 微生物电解池机理示意图

从热力学角度而言在 0.114 V 的外压下,MEC 反应器即可发生上述反应,远小于传统水电解产氢技术时所需的理论电压 1.23 V[116]。而在实际操作中,由于需要克服MEC 体系内的过电势和内阻,实际外加电压会大于 0.114 V,目前所报道 MEC 技术产氢的最小电压为 0.22 V[117],与实际实验中水电解产氢 1.6 V 外压相比[118],MEC 因能够利用阳极有机废水中的化学能而节省了电能。

4.1.2 MEC 处理含重金属废水的理论依据

除了制氢,MEC 还可用于去除还原电势较负的重金属离子如 Ni(Ⅱ)[119-120]、Co(Ⅱ)[121-123]、Pb(Ⅱ)[124-126]、Cd(Ⅱ)[114-124-127-128]、Zn(Ⅱ)[124-129]、Cu(Ⅱ)[114-130-131]等,且同样由于阳极底物提供了部分能量,这些金属离子在 MECs 的还原所需电能远低于传统电化学技术。

在 MEC 中,阳极电极上有机物氧化(如乙酸盐的氧化)与阴极电极上金属离子还原(如 Zn 的还原)的整个过程中体系的电位为负值,电子不能自发从阳极流动到阴极,这就需要外加电源来迫使电子流动。在图 4-2[132-133]中总结并描述了在 MEC 中金属离子去除及回收的理论阴极电位。通过图 4-2 可计算出阴阳极的理论电势差,为 MEC 设置合理的外加电压提供理论依据,避免因外压不够导致电子无法从阳极流向阴极、或因为设置外压过高而导致能源的浪费;同时也为 MEC 处理混合重金属离子废水提供理论基础,从而增强该技术的灵活性和可持续性。

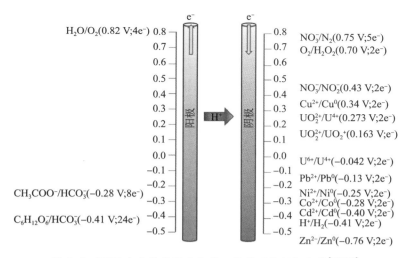

图 4-2　MEC 中金属离子去除及回收的理论阴极电位[132-133]

4.1.3　MEC 处理含重金属废水的优势

　　对于利用 MEC 技术处理含重金属离子废水，可以实现废水中的重金属的高效去除以及金属离子的资源回收。与传统的含重金属废水处理技术相比，MEC 处理含重金离子废水具有以下特点：①在处理废水的同时能产生氢气、甲烷等可利用的能源[134-136]；②MEC 处理技术适用范围广、处理效率高、作用条件温和、成本低、安全性强、不产生二次污染，绿色环保[115]；③MEC 能利用多种基质产能（如可利用养猪废水、酒厂废水、市政废水等作为阳极有机物碳源），实现多种废水资源化[137]；④附着在阴极、阳极电极上的微生物来源广泛、成本低，且微生物经驯化后对各种环境的适应力极好；⑤在实际情况中，含重金属废水往往成分复杂，含有多种金属离子且废水中 COD、氨氮含量高，MEC 技术可将含重金属废水中的多种金属通过控制不同的外加电压在阴极不同时段被还原生成沉淀而被去除或回收，同时废水中高含量的 COD、氨氮则作为微生物的碳源和营养物质而被消耗去除；⑥MEC 技术处理含重金属废水经济效益高，通过微生物作为催化剂，利用阳极有机物的部分化学能来促进阴极重金属离子的还原以及氢气的生成，与现有电化学处理技术相比能够降低电能消耗，且避免了传统技术处理含重金属废水如化学沉淀法产生二次污泥，离子交换树脂法成本高、不能同时处理多种重金属离子，萃取法萃取剂后期处理困难等种种缺点，给含重金属废水的处理提供一种切实可行的道路。

　　综上所述，利用 MEC 技术处理含重金属废水前景广阔，具有极大的研究潜力及现实可行性。

4.1.4　MEC 构型及其对处理含重金属废水的影响

　　MEC 构型影响着 MEC 体系的电化学性能如传质速率、反应器内阻等问题，电化学性能问题进而影响着 MEC 处理含重金属废水的效率。根据有无隔离膜可将 MEC 分为单室 MEC 和双室 MEC，其中双室 MEC 的隔离膜可由离子交换膜（阳离子交换膜、阴离子交换膜)、质子交换膜、气体扩散膜等构成。不同构型的 MEC 有着不同功能的应用情况。

1. 双室 MEC

利用双室 MEC(原理结构示意图见图 4-3)制氢在 2005 年首次被提出，Liu 等人[138]采用两个容积为 310 mL 的有机玻璃瓶，其中间用质子交换膜分隔开而构成 H 型 MEC 反应器来制氢。H 型反应器的两极间距为 15 cm，阳极室进行乙酸盐的氧化反应，产生电子、质子、二氧化碳，在 0.25 V 的外压下，阴极室中质子得电子生成氢气，最后从阴极玻璃瓶顶部收集产生的气体，整个实验氢气产率为 2.9 mol/mol 乙酸盐。

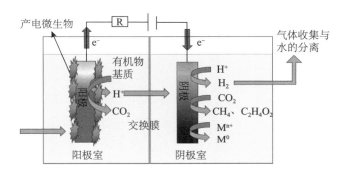

图 4-3　双室 MEC 工作机理示意图

相比较单室 MEC，双室 MEC 的主要优势是在于独立的双室结构能保证反应器内部相对干净的运行环境，极大地减少阳极产生的氢气向阳极扩散而被某些产电微生物(嗜氢甲烷菌、产电菌和同型产乙酸菌)消耗，同时防止阴极催化剂受到污染而失活[139]。因此，双室 MEC 的构型对 MEC 产氢有着积极作用。

但双室 MEC 也存在着如下问题：①随着反应的进行，受传质阻力的影响，两极室的 pH 梯度增大(阳极室 pH 降低、阴极室 pH 升高)，降低了电流密度[140]；②质子膜增大了系统的内阻以极化程度，降低了反应器性能；③膜的成本昂贵且极易受污染，需要经常更换，增加了反应器成本。故 Liu 等人的双室 MEC 产氢实验中其库仑效率为 78%，总的产氢效率只有 60%~73%。但尽管有制约因素影响，双室 MEC 的产氢速率仍然可在 0.01~6.3 m^3($m^3 \cdot d$)的范围内[141]。

2. 单室 MEC

为了克服双室 MEC 的潜在产氢损失以及降低反应器内阻，无膜单室 MEC 被开发出来(见图 4-4)。在单室 MEC 中，阳极和阴极被浸泡在同一个腔室的溶液中，取消了隔离膜的存在。在 2007 年 Rozendal 等人[117]首次尝试使用单室 MEC 制氢。随后 Call 和 Logan 等[142]发现在相同的操作条件下单室 MEC 的析氢速率是双室的 2 倍，电流密度是双室的 3 倍，在 0.8 V 的外加电压下，氢气产率为 3.12 m^3($m^3 \cdot d$)，库仑效率为 92%，阴极氢气回收率达到 96%。

与双室 MEC 相比，单室 MEC 在没有隔离膜后，简化了反应器结构，降低了成本；其阴阳电极之间的距离进一步减少，阴阳极不存在 pH 梯度，减少反应器内阻，提高电

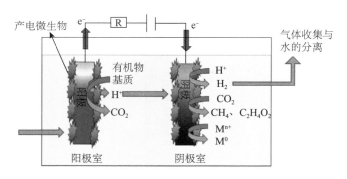

图 4-4 单室 MEC 工作机理示意图

流密度，促进了阴极质子还原为 H_2 的反应[143]。但是单室 MEC 中阴极产生的氢气会扩散到阳极附近而被产甲烷菌利用，同时二氧化碳等副产物浓度会升高，从而影响氢气产率[144]。

对于 MEC 的构型的选择，应根据实验实际情况以及获取的最终目标产物而选择最佳构型 MEC，以达到合理使用 MEC 构型，提高 MEC 性能的目的，从而扩大 MEC 的应用领域。如对于以产氢为目标需求的实验应选择单室 MEC 来产氢，通过取消隔离膜来减少反应器内阻，降低传质阻力，提高电流密度，大大促进阴极质子还原为 H_2 的反应。双室 MEC 的特殊结构可防止阳极的微生物被阴极的重金属废水所破坏，从而影响 MEC 的性能，因此目前大多利用双室 MEC 去除工业废水。即阴极室与阳极室用一层离子交换膜隔开，其中待处理的含重金属离子废水放在阴极室中。

4.1.5 MEC 处理含重金属废水研究现状与分析

作为一种新兴的污水处理和资源回收技术，MEC 可用来去除并回收 Cd(Ⅱ)、Co(Ⅱ)、Ni(Ⅱ)、Pb(Ⅱ)、Zn(Ⅱ)、Cu(Ⅱ) 等还原电势较负的重金属同时获得氢气、甲烷等有价值的化学产品。与传统电化学处理含重金属废水技术相比，MEC 因可利用阳极底物的部分化学能从而节约了电能，同时 MEC 还可获得新的化学产品如氢气等。

目前，利用 MEC 技术已实现对 Cd(Ⅱ)、Co(Ⅱ)、Ni(Ⅱ)、Pb(Ⅱ)、Zn(Ⅱ)、Cu(Ⅱ) 等含重金属离子废水的去除及回收。同时研究发现对于含混合金属离子废水的选择性去除及回收可通过改变电压来实现[124-131-144]，如 Luo 等[131] 通过 MEC 技术在不同电压下成功处理了含 Cu(Ⅱ)、Ni(Ⅱ)、Fe(Ⅱ) 混合金属离子的酸性矿山废水，同时获得了氢气。

现今，在利用 MEC 处理含重金属废水的实验中大多采用化学阴极(如采用碳基材料、金属材料来作为阴极材料)来作为 MEC 的阴极去处理重金属废水。同时，研究人员选择化学阴极上加入化学催化剂(如过渡金属钯、铑、铂系等)来提高 MEC 阴极金属离子的去除效率以及氢气的产率。但化学催化剂的使用不仅增加了使用成本，还存在催化剂失活问题，需要定期更换阴极[143]。

相比较化学阴极，生物阴极通过利用微生物作为阴极催化剂克服了传统化学催化剂的弊端，大大降低了系统的过电势，增加系统的电流密度且生物阴极的催化强度远远强于贵金属催化剂如 Pt、Ag 等，具有良好的催化效果，对含重金属废水处理、产氢及生产其他化学产品有着更高的效率，具有相当大的发展潜力。如 Huang 等[123] 利用生物阳极 MECs 在去除 Co 的同时成功回收甲烷和醋酸盐。Chen[127] 等利用双室生物阴极处理废水中的 Cd^{2+}，通过生物阴极和非生物阴极的对照实验确定阴极上的微生物能显著降低反应器的过电位，提高 Cd(Ⅱ)的还原率，实验表明生物阴极上 Cd(Ⅱ)的还原率是非生物阴极的 1.1 倍。Varia 等[145] 利用 Shewanella putrefaciens CN32 生物阴极电化学系统还原 Au(Ⅱ)、Co(Ⅱ)、Fe(Ⅲ)，通过 CV、LSV 等表征证实在微生物作用下，重金属还原活化能均有所降低。但相较于化学阴极，生物阴极因启动困难、微生物活性低等因素而导致在 MEC 阴极体系中发展缓慢，因此使用生物阴极为 MEC 阴极为主流方向来处理含重金属废水仍有着许多问题亟须解决。

1. MEC 对镉的处理现状与分析

众所周知，镉(Cd)污染的主要来源于矿山开采、冶炼等生产环节以及镉产品的生产使用过程中，其中矿山排水和电镀废水是含镉废水的重大来源[146-147]。当水体中的镉浓度达到 0.001mg/L 时，就能对鱼类的生长造成很大的影响，同时 Cd 还能通过食物链传递到人体，在体内进行生物累积进而危害人体健康[148]。

目前，利用 MEC 技术去除废水中的 Cd 有 3 种去除机制[128]：

①电催化还原：

$$Cd^{2+} + 2e^- \rightarrow Cd \tag{4-3}$$

②生成氢氧化镉沉淀

$$Cd^{2+} + 2OH^- \rightarrow Cd(OH)_2 \tag{4-4}$$

③生成碳酸镉沉淀

$$Cd^{2+} + CO_3^{2-} \rightarrow CdCO_3 \tag{4-5}$$

Natalie 等[128] 构建双室 MEC，研究以石墨碳纤维刷为阳极，不锈钢网为阴极对废水中 Cd^{2+} 的去除。结果表明，在不同的外加电压下(0.4、0.6、0.8、1.0 V)，均能实现 Cd^{2+} 的快速去除，其中 50%～67% 的 Cd^{2+} 在一天内被去除，71%～91% 的 Cd^{2+} 在两天内被去除。这表明 Cd^{2+} 的去除与外加电压条件是相对独立的，即并不强烈依赖外加电压。

Chen 等[127] 利用双室生物阴极 MEC 对废水中 Cd^{2+} 的去除。通过使用不同的碳源(乙酸钠和碳酸氢钠)来比较 Cd(Ⅱ)的去除效果，结果表明：在初始浓度为 50 mg/L 的 Cd^{2+} 浓度，外加电压为 0.5 V 时，Cd 的去除率分别为(7.33±0.37)mg/(L·h)(乙酸钠)和(6.56±0.38)mg/(L·h)(碳酸氢钠)，产氢量分别为(0.301±0.005)m³/(m³·d)(乙酸钠)和(0.127±0.024) m³/(m³·d)(碳酸氢钠)，表明乙酸钠作为底物更有利于生物阴极 MEC 去除 Cd。

2. MEC 对镍的处理现状与分析

水体中的镍(Ni)主要来源于生活废水和有色金属冶炼厂的废水排放。镍对人体的毒性主要是会导致各种皮肤病，如皮肤过敏、色素沉积、皮肤癌等。Ni 在 MEC 体系还原机制为：

$$Ni^{2+} + 2e^- \rightarrow Ni \tag{4-6}$$

赵欣等[120]利用 SMEC 探究废水中 Ni^{2+} 的最佳去除条件。结果表明，在外加电压为 0.7 V、初始 pH 为 7.0、100 mmol·L^{-1} PBS 等条件下，单室 MEC 运行 48 h，对 12.5 mg·L^{-1} 的 Ni^{2+} 和 1000 mg·L^{-1} 的 COD 去除率可分别达到 (88.2±2.5)% 和 (72.2±0.9)%，在 Ni^{2+} 浓度低于 12.5 mg·L^{-1} 时，去除率稳定在 66.5%~70.6% 左右。

Qin 等[119]探究了以不锈钢网为阴极电极的双室 MEC 去除含 Ni^{2+} 废水。研究表明当 Ni^{2+} 的初始浓度由 50 增加到 1000 mg/L 时，Ni^{2+} 去除率由 (99±0.6)% 下降到 (33±4.2)%。同时在外加电压为 0.5~1.1 V 范围内，Ni^{2+} 去除率由 (51±4.6)% 上升到 (67±5.3)%。实验还表明 MECs 对 Ni^{2+} 的去除效率是普通电解池和微生物燃料电池的 3 倍。

3. MEC 对钴的处理现状与分析

从废旧锂电池中回收 Co 是一种有效的 Co 回收方式且对于防止环境污染有重大意义。Huang 等[123]利用了生物阴极 MEC 在产生甲烷和醋酸盐的同时成功地回收了 Co。在 0.2 V 的外加电压下，88.1% 的 Co(Ⅱ) 被还原，同时回收了甲烷和乙酸盐。还原机制如下：

$$Co^{2+} + 2e^- \rightarrow Co \tag{4-7}$$

$$CO_2 + 8H^+ + 8e^- \rightarrow CH_4 + H_2O \tag{4-8}$$

$$HCO_3^- + 5H^+ + 4e^- \rightarrow (CH_2O)_2 + 2H_2O \tag{4-9}$$

而 Jiang[149]等通过双室 MEC 在外加电压为 0.3~0.5 V 时，6 h 内 Co 从 (87±25) μmol/L 下降到 (67±27) μmol/L，去除率高达 92.2%。同时氢产率为 (1.21±0.03)~(1.49±0.11)(molCOD)$^{-1}$、Co 产率为 0.81 mol/molCOD。

Wang 等[150]利用泡沫镍(NF)、不锈钢网(SSM)、碳布(CC)、钛片(TS)和泡沫镍负载石墨烯(NF+G)5 种不同阴极材料对 MECs 的 Co(Ⅱ) 还原效能以及产氢性能进行评价。结果表明：NF、TS、CC、SSM、NF+G5 种阴极 MECs 的 Co(Ⅱ) 的还原性能基本一致。其中利用不锈钢网做阴极材料具有明显的价格优势且易于制造，这为实际大规模运用提供了可能。

4. MEC 对锌的处理现状与分析

通常，采矿、冶金、电镀等行业会产生大量的含锌废水，废水中的 Zn^{2+} 极易在水生生物体内富集。当浓度过高时，会对植物、水生生物、人体造成非常大的危害。Zn^{2+} 对人体危害主要表现为高血压、神经症状睁眼昏迷、急性肺水肿甚至死亡[151]。

Teng 等[152]开发一种以嗜酸硫酸盐还原菌为菌种的生物阴极 MEC 来处理酸性废水中的 Zn。以 200 mg/L 的硫酸盐和不同的 Zn 浓度(0、15、25、40 mg/L)的模拟废水作为阴极液，结果表明在初始 pH 为 3.0 的条件下，对 15 mg/L 的 Zn^{2+} 去除率均能达到 99%。其 Zn^{2+} 在 MEC 体系还原机制为：

$$SO_4^{2-} + 8e^- + 8H^+ \rightarrow S^{2-} + 4H_2O \tag{4-10}$$

$$Zn^{2+} + S^{2-} \rightarrow ZnS \tag{4-11}$$

除此以外，Modin 等[129]以乙酸钠为唯一碳源利用双室 MECs 从酸性溶液中去除 Zn^{2+}，在最佳外加电压 0.75 V 的条件下，反应器获得最低能耗为 0.59 (kW·h)/kgZn，Zn^{2+} 的去除率达到 89%。相比较普通电解池，其能耗低了 3 倍。

5. MEC 对铅的处理现状与分析

铅(Pb)被广泛用于电池制造、酸性金属电镀和精加工、陶瓷、玻璃、油漆、印刷及印染等工业的工业原料。其被认为是排放到环境中毒性最大的污染物之一，GB 8978—2002《污水综合排放标准》将 Pb 列为第一类污染物[153]。即使低浓度下，长期暴露在 Pb 环境中也会对心血管、肾脏、生殖系统和神经系统造成不可逆转的伤害[154]。

Natlie 等[125]通过构建单室 MEC 和双室 MEC 来探究 MEC 对低浓度 Pb^{2+}(1~2.5 mg/L)的去除效果。结果表明：整个 MEC 体系中 Pb^{2+} 去除效率达到 77%~95%，且在 MEC 的阳极和阴极电极中均有 Pb 的存在，这表明了 Pb^{2+} 的去除机制是以阳极的生物吸附和阴极的沉淀为主，反应式如下：

$$Pb^{2+} + 2e^- \rightarrow Pb \tag{4-12}$$

Bo 等[126]构建单室 MEC 在 pH = 4 的条件下去除较高浓度的 Pb^{2+}(40 mg/L)。在弱酸性条件下，单室 MEC 的去除效率在 72 h 达到了 97%，Pb^{2+} 在阴极表面沉积形成 $Pb_3(CO_3)_2(OH)_2$ 是主要的去除机制，反应式如下：

$$3CH_3COO^- + 10H_2O + 12Pb^{2+} + 6O_2 + 2CO_2 = 21H^+ + 4Pb_3(CO_3)_2(OH)_2 \tag{4-13}$$

6. MEC 对铜的处理现状与分析

铜(Cu)同样能够在 MEC 的阴极得到还原而被去除。Ntagia 等[155]利用氢气为电子供体来去除铜，在电流密度为 0.48 A/m² 时，获得了最大功率密度为 0.25 W/m²。该反应器也是首次利用氢气作为电子供体。其阳极氧化反应为：

$$CH_3COO^- + 4H_2O \rightarrow 2HCO_3^- + 9H^+ + 8e^- \tag{4-14}$$

$$H_2 \rightarrow 2H^- + 2e^- \tag{4-15}$$

阴极还原反应为：

$$Cu^{2+} + 2e^- \rightarrow Cu(s) \tag{4-16}$$

Gong 等[130]采用 MEC 去除和回收废水中的铜。实验表明：在 pH 低于 3.0 的时候 Cu 不能形成任何沉淀。其中在施加 0.65 V 外压下，去除效率可达到 90% 以上，但随着外加电压的升高，阴极效率却从 55% 下降到 35%。

Luo 等[131]利用负载铂的碳布为阴极的双室 MEC 回收酸性矿山废水中的 Cu(Ⅱ)、Ni(Ⅱ)、Fe(Ⅱ)并产生氢气。在施加 1.0 V 的外加电压后，酸性矿山废水中的 Cu^{2+} 首先被回收，其次是 Ni^{2+}，最后是 Fe^{2+}。在处理过程中，H_2 的产生速率在 0.4~1.1 m³/(m³·d)范围内，阴极电子回收效率达到 89%，整个过程能量回收效率达到 100%。

MEC 从含重金属废水中回收重金属或者处理该类废水中的各类重金属情况如表 4-1 所示。从表中可知，在各类 MEC 运行的时间范围里，MEC 对含重金属的废水抗冲击能力较好，当重金属废水中重金属离子变化幅度较大情况下，仍旧保持了较高的金属离子的去除；其次，MEC 具有双室结构时，对重金属离子更具有较高的去除或回收效率；然后，MEC 各类电极以碳电极为主导；最后，MEC 运行的底物类型对 MEC 处理或回收重金属中重金属离子的影响较小。

7. MEC 处理含重金属废水时研究内容对比解析（见表 4-1）

表 4-1　利用微生物电解池去除重金属离子的性能对比

序号	重金属	构型	重金属离子浓度/(mg/L)	阳极材料	阳极电子供体	阴极材料	去除率/%	金属离子氧化还原电位/V	参考文献
1	Cd	双室	12.26	石墨碳纤维刷	NaCH₃COO	不锈钢网	91		[128]
		双室	50	石墨毡	NaCH₃COO NaHCO₃	石墨毡	(7.33±0.37) mg/(L·h⁻¹)	-0.40	[127]
2	Ni	单室	5~12.5	碳刷	NaCH₃COO	碳布	88.2±2.5		[120]
		双室	50~1000	碳毡	—	不锈钢网	99±0.6	-0.25	[119]
3	Co	双室	50	石墨毡	acetate	钛片、泡沫镍、不锈钢网、碳布	78.1~80.8		[121]
		双室	847 μM	石墨刷	acetate	石墨毡	92.2	-0.28	[122]
		双室	0.34 mM	石墨纤维	acetate	多孔石墨毡	88.1		[123]
		双室	0.3	碳毡	acetate	钛丝	—		[124]
4	Zn	双室	400	石墨	NaCH₃COO	钛丝	89	-0.76	[129]
		双室	0~40	石墨刷	NaCH₃COO	石墨刷	99		[152]
		双室	0.4	碳毡	acetate	钛丝	—		[124]
5	Pb	双室	1~2.5	石墨刷	NaCH₃COO	不锈钢网	77~95	-0.13	[125]
		单室	40	碳毡	NaCH₃COO	不锈钢筒体	97		[126]
6	Cu	双室	9 mM	石墨刷	NaCH₃COO	碳布+铂催化剂	99.2±0.1	+0.34	[131]
		双室	0.8	碳毡	acetate	钛丝	—		[124]

4.1.6　MEC 处理含重金属废水时所面临的问题与解决策略

虽然利用 MEC 技术处理含重金属废水具有非常大的优势和应用前景，但由于该技术开发时间短，目前仍存在着各种各样的问题。①关于 MEC 的启动问题：MEC 启动问题存在启动周期长、微生物活性不高、启动方式繁杂等问题；②MEC 技术的稳定性及高效去除性受内外因多种因素限制，如受 MEC 本身物理构造、进水初始金属离子浓度、进水的 pH、温度、电极材料、外加电压、微生物活性等因素的影响；③目前 MEC 去除含重金属废水技术只是在实验室阶段利用模拟废水来运行实验，而在实际工作环境中，受含重金属废水成分复杂、有机物含量高等因素制约，从实际废水中分离及回收化合物中的重金属比从可生物降解的合成废水中回收要困难的很多。④MEC 技术去除回收含重金属废水距离扩大化工业运行仍具有很大的差距；⑤由于需提供必要的营养物质供 MEC 反应器中微生物生长繁殖，导致了反应器中电解液离子种类众多繁杂，种类繁杂的众多离子会对目标重金属离子的分离、去除、回收、测定等系列操作带来诸多干扰问题。

1. MEC 启动问题与解决策略

MEC 的启动是 MEC 技术实现高效、稳定地从废水中回收有价产品的起始步骤同时也是关键性的一步。众所周知，MEC 启动是一个漫长且复杂的过程，尤其是 MEC 的生物阴极启动。正如前面所提到的，相比较化学阴极，生物阴极克服了传统化学阴极的弊端，对重金属有着更好的处理效果，具有相当大的发展潜力。而目前限制生物阴极发展的一大因素就是生物阴极启动困难问题。

为了促进 MEC 生物阴极的快速启动，无数学者提出了各种接种启动策略：①直接使用现有稳定运行的微生物燃料电池（MFC）中丰富的生物阳极[134]，然后将 MFC 的生物阳极通过极性反转作为 MEC 生物阴极，但该方法因为反向电子传输方向的原因不可避免的也需要一定的时间。②直接在 MEC 反应器中添加接种物培养[156-157]，该种启动方式耗时长、效率低且微生物活性不高，其中反应器中的产电微生物占比少，导致反应器输出电压低，影响后续实验操作及结果测定。③在使用纯培养物、稳定运行的 MEC 或 MFC 的出水、厌氧污泥、沉积物等作为接种物之前，对目标微生物进行预富集。该种启动方法较前两者缩短了启动周期、提高了微生物活性且可自主富集目标微生物，但同时该种启动方法较前者也复杂了些许。如 Zehra 等人[158]提出了一种简单的富集方法，首先在 MEC 启动前将微生物菌种置于 MEC 反应器中用葡萄糖做碳源批次培养 2 周后，其次再进行 MEC 的生物阴极启动。Taherech 等[136]首先在硫酸盐的条件下，将混合培养源在血清瓶中富集硫酸盐还原菌（Sulphate-Reducing Bacteria，SRB），然后将一级富集的 SRB 引入 MEC 的阴极室中，通过施加合适的外加电压和营养物质，使生物膜在 MEC 阴极上进行二次富集（MEC-Origin 模式）；或将电极片放置在稳定运行的 MFC 阳极室中，阴极以铁氰化钾为电子受体模式下富集生物膜，待电极片成功挂膜后将电极片移至 MEC 中进行生物阴极启动或者直接进行工作（即 MFC-MEC 模式富集）。实验结果表明在 MEC-O 模式的输出电压要低于 MFC-MEC 模式，但氢气产率要高于 MEC-MFC 模式，而 MFC-MECd 甲烷产率要高于 MEC-O 模式，值得一提的是 MEC-O 模式几乎不产生甲烷。

尽管目前已经提出一些方法为加速 MEC 生物阴极的启动提供了良好的经验，但在整个启动过程中，微生物活性不高、启动周期长、输出电压低等问题间歇性的影响 MEC 的启动。因此 MEC 生物阴极实现快速高效地启动仍任重而道远，未来还应继续探索加速 MEC 启动的方法步骤。

2. 影响 MEC 处理效能因素问题与解决策略

MEC 处理含重金属废水的性能不仅受反应器构造、传质阻力、反应器内阻等内因影响，同时也被进水金属离子浓度、pH、温度、电极材料等诸多外因所制约，内外因一起导致了 MEC 去除率不稳定等问题。内因对 MEC 处理效能的影响已在 4.1.1—4.1.5 详细讲解过，故这里不再重复。对于影响 MEC 性能的外因，本书根据目前所做研究工作将外因进行了影响力权重比较，整理出如图 4-5 所示的影响因素权重图。如图 4-5 所示，在众多外因中，制约 MEC 工作性能影响力由大到小依次为 pH、进水金属离子浓度、温度、电极材料、微生物、外加电压。

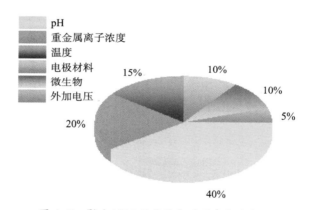

图 4-5　影响 MEC 效能的各项因素大致比例

对于 MEC 工作效能影响最大的因素 pH 而言，大量研究表明当 pH 处于中性条件下处理效果最佳，偏酸或偏碱条件下去除效率均不高。如 Gong 等[130] 利用 MEC 回收 Cu 时，当 pH 低于 3.0 时，Cu 基本上不会以任何形式沉淀下来。若要在偏酸或偏碱环境中进行重金属离子的去除，则需要提前将微生物在偏酸或偏碱条件下进行驯化处理。由于微生物的不可控性以及 MEC 装置本身的局限性，目前 MEC 技术只对于低浓度的含重金属废水具有好的处理效果，即当进水金属浓度过高时，其处理效果也随之下降。如 Qin 等[119] 在利用 MEC 去除 Ni^{2+}，发现当 Ni^{2+} 的初始浓度由 50 增加到 1000 mg/L 时，Ni^{2+} 去除率由（99±0.6）％下降到（33±4.2）％。反应器中微生物同时也受温度的制约，当处于极寒或者极热的温度下，MEC 会因为微生物失活而导致处理效果下降。对于电极材料，碳基材料（如碳布、碳刷、碳毡、石墨等）由于具有良好的导电性、比表面积大、性质稳定以及易于生物负载等优势被广泛地应用于 MEC 的电极材料。但同时也因为碳基材料过电位高（过电位过高则会导致电极腐烂变质、析氢反应变慢），欧姆损耗大（导致体系能耗过高)、价格昂贵等问题成为 MEC 效能的瓶颈。因此开发新型、耐用、低成本、高活性、高稳定性的电极材料,使之既能使体系经济,又能提高体系的处理回收能力刻不容缓。最后对于外加电压、微生物对 MEC 效能的影响已分别在前面进行了细致描述,这里同样也不再重复。

如何合理设置以上众多的影响 MEC 工作性能的参数,都是目前利用 MEC 技术处理含重金属废水过程中不可避免需要面对的问题。而现阶段最理想的解决方案只能是通过实验探究——找出最佳参数使 MEC 反应器处于最佳状态,进而让 MEC 技术处理含重金属废水达到最佳处理效能。

3. 工程化扩大运行问题及其解决策略

虽然 MEC 的启动问题、影响 MEC 处理效能因素问题均影响了 MEC 技术处理含重金属废水的效率。但进水问题以及运行成本则是工程化扩大运行的两个关键因素。目前,MEC 技术大多只是在实验室模拟废水进行实验,而在实际工作环境中,重金属废水成分复杂,有机物含量高,且多以复杂形式存在,较难被微生物降解。其次重金属也以多种结合形式存在于复杂化合物。从实际废水中分离及其回收化合物中的重金属比从可生物降解的合成废水中回收要困难的很多。因此,应该将目光更多的转向于实际废水的研究,探索 MEC 处理合成废水的规律经验是否仍适用于实际废水,探究实际废水作为微生物营养源的合理性以及可行性。现阶段中,在少数放大 MEC 实验中发现,利用 MEC 技术处理含重金属废水在连续运行过程中会出现产氢率下降、去除率不稳定以及能耗增加等诸多问题,导致 MEC 效能极其不稳定。因此下一步应考虑如何结合成本、效率、现实情况等各方面因素来放大 MECs,即如何将微生物电解池合理的运用到实际生产中。

4. 其他离子干扰问题与解决策略

对于其他离子干扰问题,是在实验室规模的研究中,由于在电解液中添加了各种各样的离子供微生物生存繁殖,因此不可避免地产生了重金属与其他离子的协同效应问题。有些协同效应加速了目标污染物的去除与回收,而有的则阻碍了目标污染物的去除。因此,在研究 MEC 技术处理重金属的同时,我们也应关注重金属与其他离子的协同问题。

4.2 SMEC 处理低浓度含铀废水效能与机理研究

本节利用 SMEC 系统来处理低浓度含铀废水,并对其处理过程的机理进行解析。阴极材料对 SMEC 的性能影响较大,特别是在处理含铀废水过程中,故利用 5 种阴极材料,并在 5 种阴极材料表面形成微生物膜,构成含 5 种材料的生物阴极 SMEC 系统,在不同的运行机制下,开展了各系统的处理效能。得到了各系统展示出不同的处理效能,证实了 SMEC 系统对含铀废水处理的可行性。通过对 SMEC 系统中的阴极、阳极和污泥等进行表征,得到了 SMEC 系统可通过吸附、还原和离子交换等过程较好地处理含铀废水中的铀离子。

4.2.1 SMEC 阴极类型对低浓度含铀废水的处理效能

1. 不同阴极电极材料 SMEC 时 COD 处理效能对比

SMEC 对污水中的 COD 具有良好的去除能力，在开展其配置不同阴极材料时对低浓度含铀废水处理效能的研究时；同时对不同 SMEC 的 COD 去除效能开展了研究，所获得的结果如图 4-6 所示。从图 4-6 中可知研究所使用的 5 种材料为阴极时，构成的不同的 SMEC 体系，在不同的周期里对 COD 的去除表现出较稳定的去除趋势，具体为泡沫镍和碳刷为 SMEC 的阴极材料时，相比其他 3 种材料而言具有更好的 COD 去除率，同时两者在各研究周期内容均表现出 COD 去除率超过 80.0%，而碳刷的去除率在 3 个周期里对 COD 的去除率超过了 90.0%。相比其他构型的 MEC，SMEC 以碳刷为阴极材料时，表现出的 COD 去除属于优异水平。高的 COD 去除效率，表明 SMEC 的启动较为成功，特别是其阴极的电极微生物形成较好。

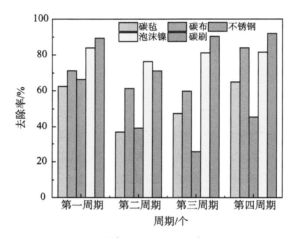

图 4-6　不同阴极材料对 SMEC 体系中 COD 的去除效能

2. 不同阴极电极材料 SMEC 时铀处理效能对比

对 5 种材料在对比过程中，构成的 5 类 SMEC 系统对含铀废水处理的效能进行对比，获得的铀去除效能如图 4-7 所示。从图 4-7 中可知，在相同的运行条件下，经过一周后，5 类 SMEC 均对铀具有去除效能，具体的效能表现为 70.0% 左右，并且各反应体系对铀的去除效率性能的差别不是很大，在该阶段碳布为阴极的 SMEC 表现，相对而言为最好，其次为碳毡。对比其他研究文献中，对其他重金属离子的处理情况，SMEC 对含铀废水中的铀离子的总体的处理水平处于同样水平，由此证明了 SMEC 对含铀废水中铀的处理潜力。为获得 SMEC 体系的更多的对铀的处理，还需进一步改进运行机制，以此来获得更好的铀去除效能。

3. 不同阴极电极材料 SMEC 时电压对比

在开展不同阴极材料处理低浓度含铀废水的同时，对 SMEC 的输出电压进行记录，在外接直流电压控制电压保持 0.40 V 的情况下，各类体系获得的输出电压情况如

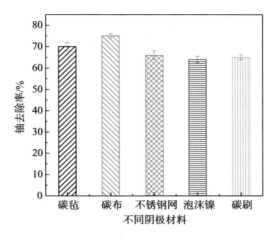

图 4-7　不同阴极材料对 SMEC 体系铀的去除效能

图 4-8 所示。从图 4-8 可知，在所测试的周期里，碳布、不锈钢网、泡沫镍和碳毡为阴极的 SMEC 的输出电压均较低，而以碳刷为阴极的 SMEC 有一定的电压输出，总结果表明，碳刷对电的利用效率高，而其他几种材料构成的 SMEC 的电利用率则相对较低，较高的电利用率，有利于进一步对输入电压的要求，也即在更低的电量需求情况下，可保持对污染污泥的高效去除能力。综合而言，碳刷为阴极构成的 SMEC 具备了高效处理含铀废水中铀的能力。

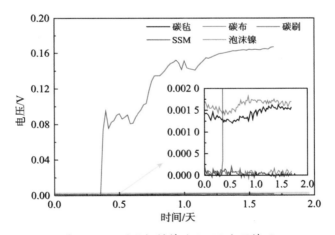

图 4-8　不同阴极材料时 SMEC 电压情况

4. 不同阴极电极材料 SMEC 时 EIS 对比

图 4-9 为由相同的阳极（碳布）和不同阴极材料分别构成的 5 类 SMEC 的阻抗效能，阻抗效能主要体现体系在 3 个方面的情况，具体为欧姆阻抗、活化极化阻抗和浓差极化阻抗。

从图 4-9 可知，5 类阴极材料构成的 5 类 SMEC 的欧姆阻抗的情况为碳毡<碳布<碳刷<不锈钢网<泡沫镍；对于活化极化而言，前 4 种材料构成的 SMEC 的该种极化相差

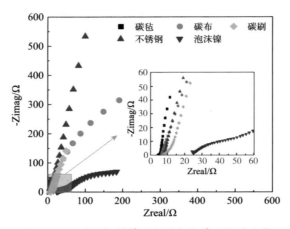

图 4-9 不同阴极材料运行时电化学阻抗的效能

不大，而泡沫镍为阴极构成的 SMEC 的活化极化比较明显，较小的活化极化，表明了前4 种材料的催化活性较好，但是由于离子的迁移速度和反应速度等因素的影响，前 4 种的浓差极化阻抗均较大，整个系统不利于离子的传输过程；相对而言泡沫镍的浓差极化较小，较有利于离子的传递过程。

4.2.2　SMEC 运行机制对低浓度含铀废水处理效能的影响研究

1. 不同运行机制对电解池 COD 影响

不同阴极材料构成的 SMEC 进入稳定运行周期后，开展 COD 去除效能的研究，共进行了至少 3 个周期的运行过程，获得的结果如图 4-10 所示，从图 4-10 中可知，在稳定的周期里，由泡沫镍和碳刷构成的 SMEC 体系对 COD 的去除仍保持了高效性，其中碳刷的 COD 去除最为稳定，COD 去除率在考察周期里均保持在 90% 左右。对于泡沫镍而言，经历了高的 COD 去除效能后，开始出现了效能下降的趋势。对于有碳毡作为阴极材料构成的 SMEC 体系而言，COD 的去除能力表现出逐渐下降的趋势；碳布和不锈钢网为阴极材料构成的 SMEC 体系对 COD 的去除波动较大。从 SMEC 体系对 COD 去除率的高效性和稳定角度出发，碳刷为阴极材料构成的 SMEC 在去除含铀废水的过程中，对 COD 的去除能效为最佳。

2. 不同运行机制对电解池铀去除的影响

为考察稳定运行机制下 SMEC 对含铀废水中铀的去除过程的效能，开展了单个周期内铀的去除能效的研究，结果如图 4-11 所示。从图 4-11 中可知，由不同阴极构成的 SMEC 体系在单个周期内对铀的去除规律比较类似，大致可以分为 3 个阶段，第一个阶段为高效吸附期，在该阶段含铀废水进入 SMEC 后，SMEC 的各关键部位进行了高效的吸附作用，使得整个阶段的铀去除率可高达 60%；第二个阶段为反应期，在该阶段可能存在电极、电极上的微生物和污泥等的共同反应过程，在反应过程中出现了铀的去除率不稳定的现象；第 3 个阶段为铀去除稳定阶段，在该阶段各阴极材料构成的 SMEC 体系均完成了对含铀废水中铀的去除过程，大体的去除效率保持在 75.0% 左右，其中碳

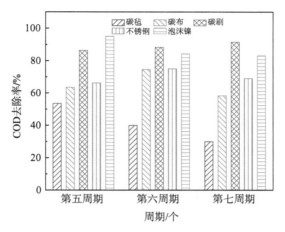

图 4-10 SMEC 处理含铀废水过程中 COD 去除效能

刷表现最为优良，可达到 80.0% 以上。同目前的文献报道的 SMEC 对其他重金属离子的去除效能而言，SMEC 对铀的去除能力还有待进一步提高。

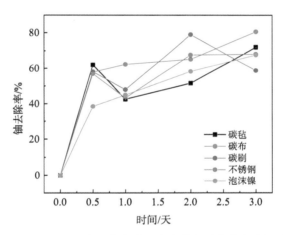

图 4-11 SMEC 处理含铀废水过程中在单个周期内去除铀的情况

3. 不同运行机制对电解池 pH 影响

在含铀废水的处理过程中，pH 对其的去除效能影响较大，SMEC 为微生物去除体系，在去除的初期，整个体系的 pH 均需调整为 7.0 左右。为研究 SMEC 去除含铀废水过程中的 pH 变化，对稳定运行周期内的 pH 进行考察，获得的结果如图 4-12 所示。从图 4-12 可知，不同阴极材料构成的 SMEC 体系的 pH 情况，在独立周期运行完成后，pH 均呈现上升的趋势，上升的幅度约为 0.25 左右，pH 上升的原因，可能为 SMEC 的阴极传递电子后，催化营养液中的氢离子产生氢气，从而使得体系的 pH 上升。pH 上升的幅度不大的原因可能为营养液具有很好的缓冲液作用。另外，pH 的上升幅度不大，还可降低 pH 因上升造成的含铀废水的沉淀去除过程，从而含铀废水中铀的去除更依赖于电化学反应的进行。

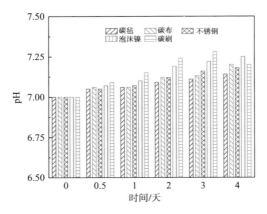

图 4-12　SMEC 处理含铀废水过程中 pH 在单个周期内的变化情况

4. 不同运行机制对电解池电化学阻抗影响

　　利用电化学阻抗来研究 SMEC 体系的电化学反应情况，在稳定运行的周活动的结果如图 4-13 所示，从图 4-13 可知，不同阴极材料构成的 SMEC 体系的各类阻抗，相比启动阶段，均有减少的趋势，具体情况为：碳毡、碳布、不锈钢和碳刷的欧姆阻抗相差不大，而泡沫镍的欧姆阻抗继续保持在较大的数值；对于活化极化阻抗和浓差极化阻抗而言，碳刷的两种极化阻抗综合起来较小，极化阻抗变小，有利于物质的电化学反应；其他阴极材料构成的 SMEC，活化极化阻抗和浓差极化阻抗还均处于较高的值，特别是对于泡沫镍阴极构成的 SMEC 而言，极大的活化极化阻抗和浓差极化阻抗，严重阻碍了其对各类物质的电化学反应过程，同时也会影响其对含铀废水中铀的电化学反应去除过程。故综合得出，碳刷为阴极材料构成的 SMEC 体系的电化学性能最佳。

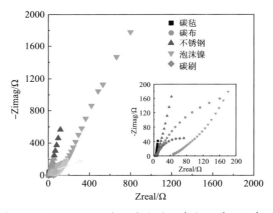

图 4-13　SMEC 处理含铀废水过程中电化学阻抗表现

4.2.3　SMEC 处理含铀废水表征与分析

　　为对 SMEC 体系处理含铀废水的机理进行深入研究，从 SMEC 体系中分别采得其不同构建或部位的样品进行检测，对检测结果进行综合分析，然后获得 SMEC 体系处理低浓度含铀废水的特征情况，根据特征情况进行机理的解析。获取的样品情况为 SMEC 的阴极、污泥和阳极等，开展的检测方式有 SEM、EDS、Mapping、XRD 和 XPS 等。其中 SEM、EDS 和 Mapping 用于形貌观察，XRD 用于表面物质的晶体结构的观察，XPS 用于表面物质主要元素价态的分析。

1. 阴极表征与分析

（1）阴极形貌分析

阴极的形貌分析包含了碳毡、碳布、不锈钢网、泡沫镍和碳刷的使用前后的形貌对比分析和使用后关注的表面主要元素的分布分析。

1）碳毡为阴极材料时的形貌分析

碳毡为 SMEC 阴极材料时的形貌如图 4-14 所示，碳毡在使用前后的对比而言，碳毡的碳纤维结构发生变化量较小，稳定的结构是其在处理污染物的基本保障。在其运行多个周期后，其表面负载了一定数量的沉淀物，相对而言沉淀物的数量属于一般水平，表明碳纤维对形成的沉淀物的吸附能力有限或者表明形成的沉淀物的数量有限。但沉淀物同碳纤维的结合性较好。EDS 元素扫描表明（图 4-15），使用后的碳毡的碳纤维表面的主要元素为 C、K、O、N、Fe、Si、Al、P、S、U 等，表明在碳毡的碳纤维表面形成的沉淀物的组分相对而言比较复杂。图 4-16 是重点关注元素的具体分布情况，主要关注元素为 C、N、O、P、U。从分布的结果来看，C、O 的分布主要伴随着碳纤维和主要的颗粒物而存在，而 N、P、U 的分布呈现均匀状态，该 3 类元素存现均匀状态的原因可能要归结于在碳纤维的表面形成得更加细小的颗粒物尚未形成大的颗粒，也可能表明了电化学处理铀的潜力。

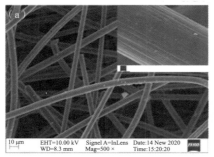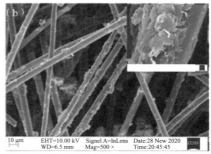

图 4-14　碳毡为阴极材料处理含铀废水前后形貌对比：
（a）碳毡碳纤维使用前形貌；（b）碳毡使用后形貌

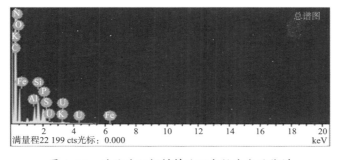

图 4-15　碳毡为阴极材料处理含铀废水后能谱

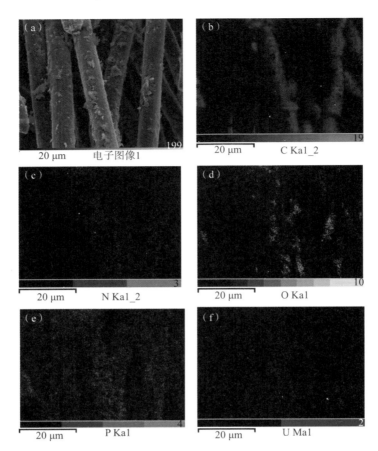

图 4-16 碳毡为阴极材料处理含铀废水后主要元素的分布情况：
（a）碳毡使用后形貌；（b）C 元素分布；（c）N 元素分布；（d）O 元素分布；
（e）P 元素分布；（f）U 元素分布

2）碳布为阴极材料时的形貌分析

碳布为阴极材料是的形貌图如图 4-17 所示，从碳布未使用前形貌可知，构成碳布的碳纤维表面具有碳纤维竖向的细小沟壑，细小的沟壑为微生物的生长和沉淀物的附着。相对应的，碳布处理一定时间的含铀废水后，在其表面形成了比较致密和厚实的物质。该现象同碳布为阴极时构成的 SMEC 体系在处理污染物质的性能较匹配，碳布的处理性能具有一定的波动性，可能因其表面结合附着物（包含微生物和沉淀物）也存在周期性，附着逐渐满后，性能逐渐达到最大，单当附着有所剥落，性能会有所下降。图 4-18 为碳布使用后的 EDS 元素扫描分析，EDS 元素分析显示碳布使用后的其表面物质的构成主要形成元素为 C、K、O、N、Ca、Fe、Mg、Si、Al、P、S、U 等。同样表明了碳布处理含铀废水后形成的附着物的成分复杂。重点关注的元素 C、N、O、P 和 U 的分布情况如图 4-19 所示，从分布情况来看 C、O 和 P 的分布较为清楚，而 N 和 U 的分布则遵循某特殊位置，例如形成的附着物的表面存在的相对较小的颗粒物处，这表明在附着物表面的颗粒物的主要成分可能为铀的沉淀物，也表明了以碳布为阴极时构成的处理体系具有较好的处理能力。

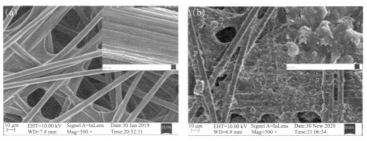

图 4-17　碳布为阴极材料处理含铀废水前后形貌对比：
（a）碳布使用前形貌；（b）碳布使用后形貌

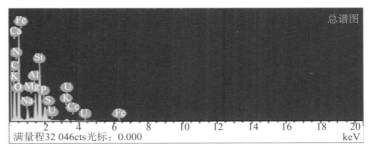

图 4-18　碳布为阴极材料处理含铀废水后能谱

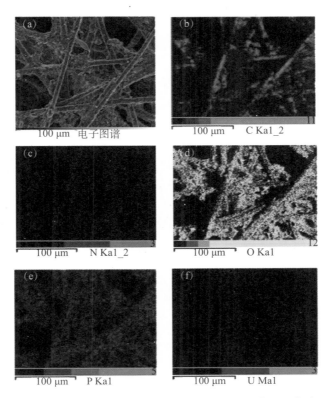

图 4-19　碳布为阴极材料处理含铀废水后主要元素的分布情况：
（a）碳布使用后形貌；（b）C 元素分布；（c）N 元素分布；（d）O 元素分布；
（e）P 元素分布；（f）U 元素分布

3）不锈钢为阴极材料时的形貌分析

不锈钢网是一种导电优异的电极材料，利用其构成 SMEC 的阴极材料，考察体系对含铀废水的处理效能，不锈钢网使用前后的形貌情况如图 4-20 所示。从图 4-20（a）可知，不锈钢网的钢丝不仅存在竖向沟壑，而且还有大量的横向切口，这为物质的吸附提供了有利的附着点。不锈钢阴极使用一段时间后，其表面的竖向沟壑和横向切口均被附着物所填满，并且在附着物的表面还含有细微的颗粒物形成。图 4-21 的 EDS 结果显示，不锈钢网使用后材料表面的主要元素为 C、Ca、K、N、O、Fe、Ni、Mg、Al、Si、Cr、Mn 和 U 等。多元素组成的阴极表面的附着物，表明沉淀物的组分较复杂，并且附着物同不锈钢网的附着性较好。图 20 为重点关注的 C、O、N、Fe 和 U 的元素分布情况，从图 4-22 可知 C 的分别主要随沉淀物的分别，而 N、O、Fe 和 U 则在不锈钢网和沉淀物上均匀分布，表明 U 同不锈钢网的结合时的分布性较好，分布均匀的 U 元素，可能表明了电化学反应可较好服务于 U 的去除过程。

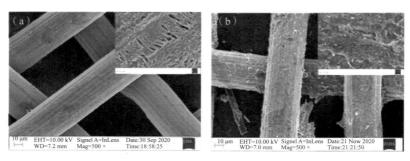

图 4-20 不锈钢网为阴极材料处理含铀废水前后形貌对比：
（a）不锈钢网使用前形貌；（b）不锈钢网使用后形貌

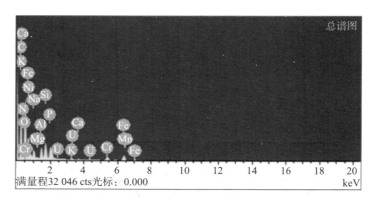

图 4-21 不锈钢网为阴极材料处理含铀废水后能谱

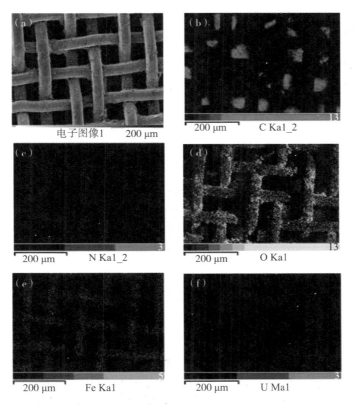

图4-22　不锈钢网为阴极材料处理含铀废水后主要元素的分布情况:
（a）不锈钢网使用后形貌；（b）C元素分布；（c）N元素分布；（d）O元素分布；
（e）Fe元素分布；（f）U元素分布

4）泡沫镍为阴极材料时的形貌分析

　　由镍组成的泡沫镍也曾用于微生物电解池的电极，因其具有良好的催化性能。图4-23为泡沫镍电极使用前后的形貌情况，从图4-23可知，使用前，结构完整的泡沫镍，在电解质溶液中经过一段时间的运行后，结构遭到严重的破坏，最为明显的是，当电极取出时，电极消耗严重，由此表明泡沫镍不能用于SMEC体系长期处理含铀废水。同时该现象含泡沫镍的电极性能断崖式下降的现象一致。对使用后的泡沫镍表面的物质的元素开展分析，结果如图4-24所示，使用后的泡沫镍的表面的元素包含C、K、Ca、Mg、N、Fe、Na、Ni、Al、Si、P、S和U等，表明泡沫镍阴极构成了更加复杂的附着物，同时也有少许的U得到了沉淀而去除。图4-25为泡沫镍为阴极时使用后主要关注的元素分布情况，C、N、O、P和U的分布均较均匀，U的分布同样体现出在某些细小颗粒的部位。

图 4-23　泡沫镍为阴极材料处理含铀废水前后形貌对比：
（a）泡沫镍使用前形貌；（b）泡沫镍使用后形貌

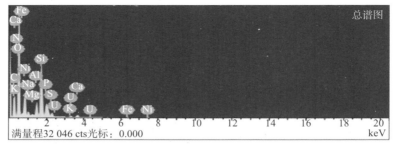

图 4-24　泡沫镍为阴极材料处理含铀废水后能谱

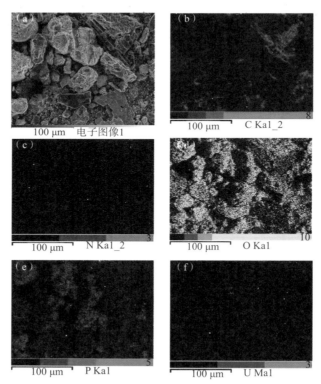

图 4-25　泡沫镍为阴极材料处理含铀废水后主要元素的分布情况：
（a）泡沫镍使用后形貌；（b）C 元素分布；（c）N 元素分布；（d）O 元素分布；
（e）P 元素分布；（f）U 元素分布

5）碳刷为阴极材料时的形貌分析

碳刷为阴极材料时的形貌表征如图 4-26 所示，从图 4-26（a）可知，碳刷含有修长的碳丝，且碳丝的表面较光滑，光滑的表面可能不利于物质的附着。碳刷使用后的表面如图 4-26（b）所示，使用后的碳丝表面形成了大小不一的附着物，从放大的图还可知，附着物同碳丝的结合性较为一般。结合性较一般的情况下，有利于电极的附着物的自行脱落过程，由此，其具备了自我净化功能，使其在处理含铀废水时具有极长的运行时间和稳定性。碳刷使用后的表面元素情况如图 4-27 所示，从图 4-27 可知在使用后的碳刷表面的主要元素包含 C、K、O、N、Cl、Fe、Na、Al、Si、P 和 U 等，表明在碳刷的碳丝表面形成的附着物的成分也较为复杂。图 4-28 为重点关注元素 C、N、O、P 和 U 的分布情况，从分布来看，C 元素主要是碳丝的主要分布，而附着物中 O 的分布较多且较均匀，对于 N 和 P 也沿碳丝均匀分布，U 的分布同样体现出了随细小颗粒物的分布的表现。

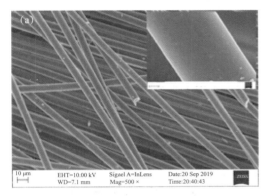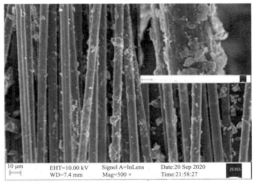

图 4-26　碳刷为阴极材料处理含铀废水前后形貌对比：
（a）碳刷使用前形貌；（b）碳刷使用后形貌

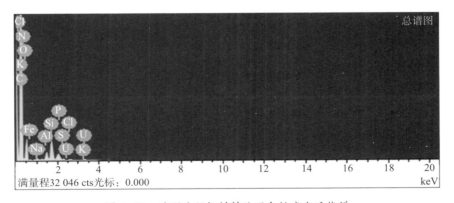

图 4-27　碳刷为阴极材料处理含铀废水后能谱

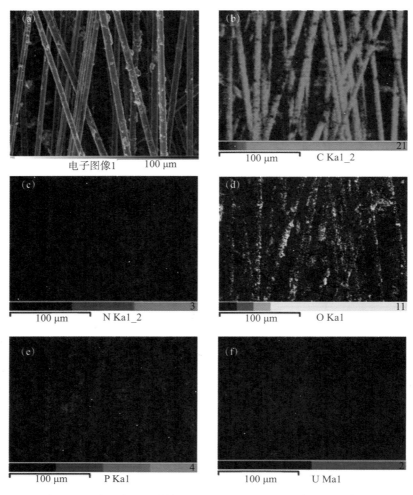

图 4-28　碳刷为阴极材料处理含铀废水后主要元素的分布情况：
（a）碳刷使用后形貌；（b）C 元素分布；（c）N 元素分布；（d）O 元素分布；
（e）P 元素分布；（f）U 元素分布

（2）阴极表面负载物晶体结构分析

5 类阴极在使用后，均开展了附着物和其自身的 XRD 检测，获得的 XRD 图谱分别如图 4-29~图 4-33 所示，从获取的 XRD 图谱可知，各阴极的附着物或者沉淀物中的铀均未形成完整的晶体形式，该现象同铀的沉淀物难以用 XRD 检测有一定的关联。对于材料自身所含有的物质，均在图谱中可以得以显示。此外通过同物相库的比对，使用阴极表面可能形成了例如 SiO_2 和 FeS 的出现。

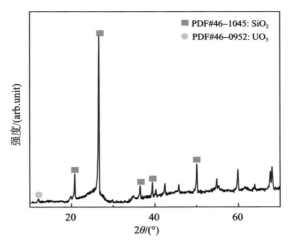

图 4-29 碳毡阴极材料使用后表面物质的 XRD 图谱

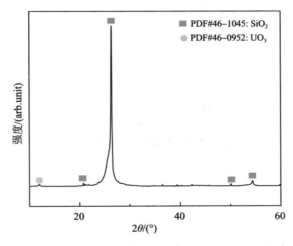

图 4-30 碳布阴极材料使用后表面物质的 XRD 图谱

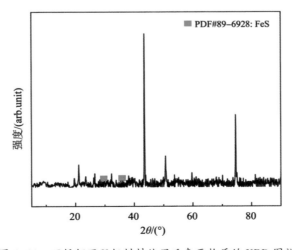

图 4-31 不锈钢网阴极材料使用后表面物质的 XRD 图谱

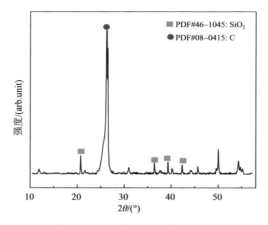

图 4-32　泡沫镍阴极材料使用后表面物质的 XRD 图谱

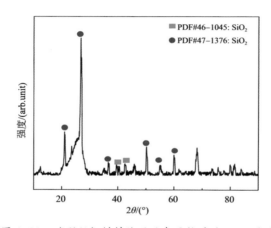

图 4-33　碳刷阴极材料使用后表面物质的 XRD 图谱

（3）阴极表面主元素的价态分析

图 4-34~图 4-38 为 5 种阴极材料在 SMEC 体系中使用后其表面物的 XPS 图谱，对 C、O 和 U 的价态情况进行了重点分峰分析。如各图所示，在 5 种阴极表面碳所形成的基团均不相同。碳毡表面的碳主要以 C—H 的形式构成；碳布表面的碳则以 C＝O 的形式构成；不锈钢表的碳表现较为复杂，分别为 C—H 和 C＝O，其中 C—H 为主要；泡沫镍和碳刷表面的碳则均为 C—H 的形式构成。对于 O 元素而言，氧的种类可分为吸附氧和晶格氧，5 种阴极材料表面的物质的氧的种类均以吸附氧为主，这也同时证明了未有物质形成了较为完整的晶格物质。泡沫镍和碳刷阴极材料使用后表面还形成了部分的晶格氧，泡沫镍的晶格氧可能属于其原本含有的氧种，而对于碳刷，有部分晶格氧的出现，可能表明了电化学反应确实有形成晶体物质的趋势，进一步证实了电化学去除铀的可能性。各阴极材料使用后表面附着物铀价态的具体情况为：在碳毡的表面附着物中，铀的价态可能为四价铀和零价铀；碳布和碳刷的表面附着物中的铀表现为均为六价铀；不锈钢网和泡沫镍的表面附着物的铀表现出四价铀和六价铀共存的现象。铀的价态可降低表明，铀可以通过电化学方式来处理，且 SMEC 的电化学方式对其具有效果。

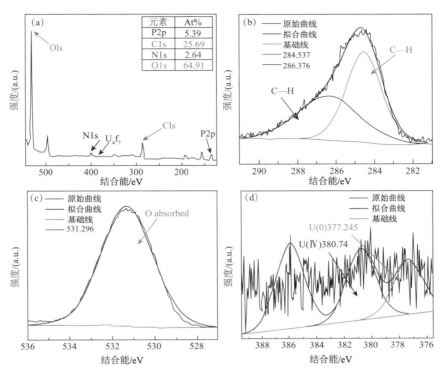

图 4-34　碳毡阴极材料使用后表面物质的 XPS 图谱：
（a）总谱图；（b）C1s 谱图；（c）O1s 谱图；（d）U4f 谱图

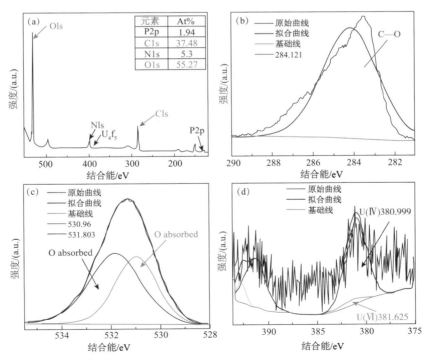

图 4-35　碳布阴极材料使用后表面物质的 XPS 图谱：
（a）总谱图；（b）C1s 谱图；（c）O1s 谱图；（d）U4f 谱图

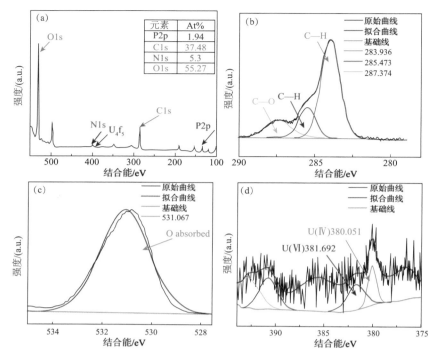

图 4-36 不锈钢网阴极材料使用后表面物质的 XPS 图谱：
（a）总谱图；（b）C1s 谱图；（c）O1s 谱图；（d）U4f 谱图

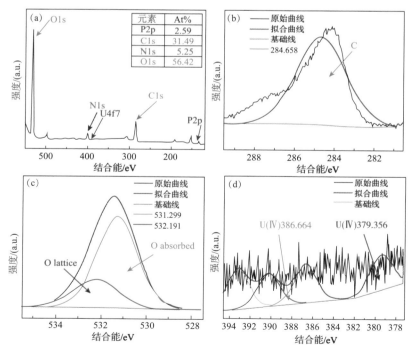

图 4-37 泡沫镍阴极材料使用后表面物质的 XPS 图谱：
（a）总谱图；（b）C1s 谱图；（c）O1s 谱图；（d）U4f 谱图

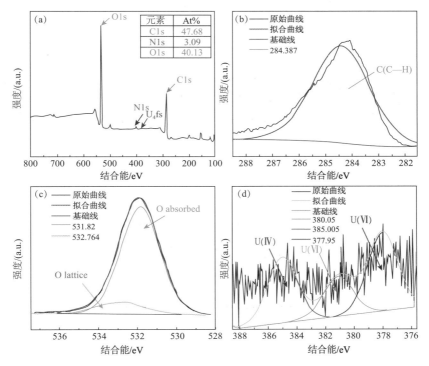

图 4-38　碳刷阴极材料使用后表面物质的 XPS 图谱：
(a) 总谱图；(b) C1s 谱图；(c) O1s 谱图；(d) U4f 谱图

2. 阳极表征与分析

由于各阴极表面的附着物中的铀含量均表现出为较低的状态，特别是在系统未有进行排除污泥和更换电极的情况下，含铀废水中铀又得以了大量的去除。为进一步研究铀的去除机理和探究铀的去除情况，对阳极的电极材料碳布的使用前后进行了深入的表征与分析。

(1) 阳极材料形貌分析

图 4-39 为阳极的碳布在长期处理废水后的形貌表征，其使用前的分析情况请参考阴极碳布的分析。从图 4-39(b) 可知，同样作为碳布，在阳极使用后，阳极的附着物的量明显较多，且附着物同碳布的碳丝结合性较好。此外阳极附着物的表面还存在一些细小的颗粒物，颗粒物的形状较为规则，类似某种晶体物质。EDS 扫描结果如图 4-40所示，在图 4-40 中阳极碳布使用后的表面主要元素为 C、Ca、N、K、O、Fe、Na、Mg、Al、Si、P 和 U 等，组分较复杂，单其组成元素同碳布阴极的组成元素极为相似。重点关注的元素 C、N、O、P 和 U 分布扫描结果如图 4-41 所示，分布规律而言，C 元素同碳丝的分布相同，即呈现碳丝的分布走向，O 和 P 的分布同附着物的分布相类似，U 和 N 的分布则表现出在大量附着物表面细小颗粒物的分布规律。可能表明形成的细小颗粒物是 U 和 N 等元素组成的复合物质。

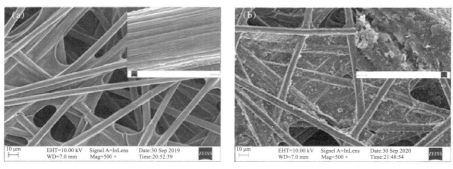

图 4-39 碳布为阳极材料处理含铀废水前后形貌对比：
（a）碳布使用前形貌；（b）碳布使用后形貌

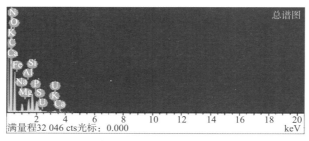

图 4-40 碳布为阳极材料处理含铀废水后能谱

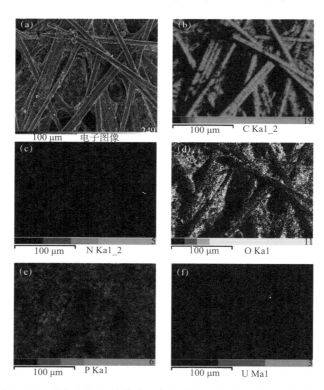

图 4-41 碳布为阳极材料处理含铀废水后主要元素的分布情况：
（a）碳布使用后形貌；（b）C 元素分布；（c）N 元素分布；（d）O 元素分布；
（e）P 元素分布；（f）U 元素分布

（2）阳极材料表面负载物晶体结构分析

图 4-42 为阳极材料碳布及其附着物的 XRD 表征结果，从图 4-42 可知，碳布的本体物质碳可以真实地检测到，而附着物未能检测到任何的晶体物质，同样表明了阳极的附着物中难以形成晶体类的物质。此外，铀也未能检测到，该现象同其他研究的结果类似，需进一步进行表征分析。

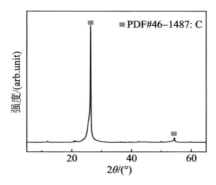

图 4-42　碳布为阳极材料处理含铀废水后物质晶体结构的情况

（3）阳极材料表面主元素价态分析

图 4-43 为阳极碳布处理污水后其及其表面物质的 XPS 检测结果。

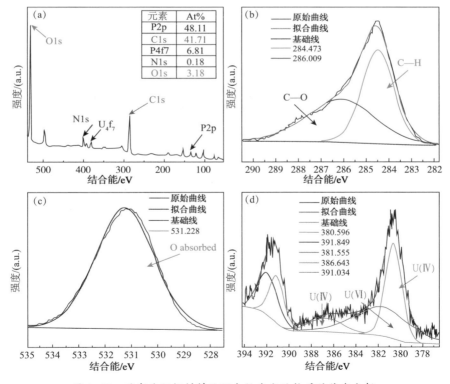

图 4-43　碳布为阳极材料处理含铀废水后物质的价态分析：
（a）总谱图；（b）C1s 谱图；（c）O1s 谱图；（d）U4f 谱图

从 XPS 的总图谱可知，P、C、U、O 和 N 的原子百分比分别为 48.11%、41.71%、6.81%、3.18% 和 0.18%。表明在阳极碳布形成的附着物可能为磷、碳、铀和氧为主构成的物质，碳的构建的物质连接可能为 C—O 和 C—H 健，存在的氧以氧的吸附氧种为主，铀的存在价态主要为四价铀，还存在部分的六价铀。综合来看，含磷的根离子和同铀形成的沉淀物的机会较大，但是不同于其他研究的结果，本研究中的铀可能是以四价和六价共同的形式沉积在阳极的表面，从而达到从含铀废水中被去除的效果，阳极可能存在着电化学还原的过程，使得六价铀还原至四价铀。

3. 污泥表征与分析

在构成的 SMEC 中，污水的底部还保留有部分的污泥，理论上该部分污泥对污水的处理有一定的作用，此外其还可以作为阳极和阴极生物膜的微生物的补充源，为考察污泥在处理过程中的相关作用，对使用后的污泥开展形貌和表面元素价态的分析。

（1）污泥使用后形貌分析

处理污水后污泥的形貌和表面元素如图 4-44 所示，从图 4-44 可知，风干后污泥在 SEM 观察时呈现了板结状态，且未有特殊的晶体相的表观存在。污泥的表面主要元素分别为 C、K、N、O、Na、Al、Si、P、S 和 U 等。污泥表面元素的复杂程度可同阴极和阳极的表面相比，同样可推测，构成污泥的物质较为复杂。主要关注元素 C、N、O、P 和 U 的分布情况如图 4-45 所示，从各元素的分布中可知 C、P 和 U 的分布不同于 O 和 N 的情况，前 3 者的分布呈现出属于检测污泥表面颗粒状较好的颗粒物分布现象，而后两者则呈现出整个测试样品的表面均有分布的现象。由此进一步证实了形成的使铀从水中分离的物质可能由 C、P 和 U 共同组成，而其他元素参与的量则属于较少的状态。

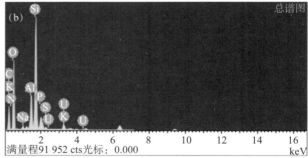

图 4-44 处理污水后污泥的形貌和表面元素：
（a）污泥形貌；（b）污泥表面元素

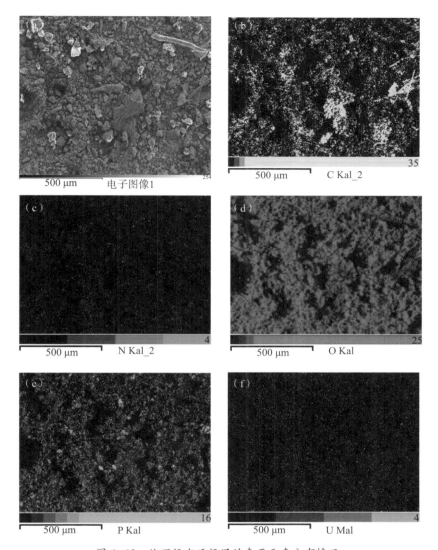

图 4-45　处理污水后污泥的表面元素分布情况:
（a）污泥形貌；（b）C 元素分布；（c）N 元素分布；（d）O 元素分布；
（e）P 元素分布；（f）U 元素分布

（2）污泥使用后表面主元素的价态分析

图 4-46 为污泥使用后表面主要元素的 XPS 表征，不同于阳极的元素情况，构成污泥的主要元素包含 O、C、N、P 和 U 等。其中 C 以 C—H 的形式存在，表明了污泥中的有机质含量较多，并且氧的种类丰富，吸附氧和晶格氧均含有，以吸附氧为主。对于 U 而言，铀存在四价和六价，铀四价的出现，表明了污泥中的微生物对铀具有很好的还原能力。

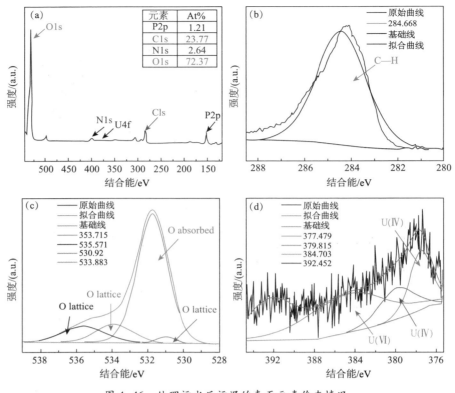

图 4-46 处理污水后污泥的表面元素价态情况：
（a）总谱图；（b）C1s 谱图；（c）O1s 谱图；（d）U4f 谱图

4.2.4 SMEC 系统去除污染物的机理解析

依据 SMEC 处理含铀废水时的效能、体系中各重要部位的特征表征以及相关的参考文献，对 SMEC 系统处理含铀废水时的机理进行解析（图 4-47）。SMEC 处理铀离子时可能存在 3 种重要的途径，该 3 种途径分别处在 SMEC 各重要的构成部分中。另外各途径可能均包含了吸附、还原和沉淀等 3 个过程，只是各过程可能进行的程度不一样。在

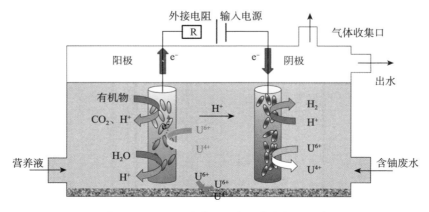

图 4-47 SMEC 体系处理含铀废水机理示意

阳极部位，EDS 和 Mapping 均明显检测到铀元素的含量和分布情况，且 XPS 分析出，形成的四价铀占主要部分，该结果表明六价铀在阳极部位可被高效的还原而沉淀，同时阳极还含有一定量的六价铀，阳极对六价铀的吸附能力也较强；对于污泥而言，同样检测到了相对应的铀元素，四价铀和六价铀的含量大致差不多，表明了污泥中 3 种过程开展也比较顺利；阴极是 SMEC 的还原主要场所，该部位产生了一定量的氢气，同时铀元素也检测到了，但是在 SMEC 的体系中，阴极部位存在的六价铀较多，也存在四价铀。综上而言，SMEC 的整个体系均对铀具有去除效能，并且各部位均具有还原沉淀性能。

参考文献

［1］郭栋清，李静，张利波，等. 核工业含铀废水处理技术进展［J］. 工业水处理，2019，39（1）：14-20.

［2］李琴. 介孔碳复合材料吸附铀的研究［D］. 东华理工大学，2013.

［3］FENG Yong，LU long，FANG Chao，et al. A review on remediation of uranium-contanated environment ［C］. 2011 Second International Conference on Mechanic Automation and Control Engineering，2011：6308-6310.

［4］Bhalara Parth D，Punetha Deepesh，Balasubramanian K. A review of potential remediation techniques for uranium（Ⅵ）ion retrieval from contaminated aqueous environment［J］. Journal of Environmental Chemical Engineering，2014，2（3）：1621-1634.

［5］何珊. 新型 SnS_2 基光催化剂的制备及其光催化还原铀（Ⅵ）的性能研究［D］. 华南理工大学，2020.

［6］国家环境保护局. 铀矿冶污染治理［M］. 北京：中国环境科学出版社，1996.

［7］杨莎莎，过成龙，黄国林，等. 生物高分子／氧化石墨烯复合材料对铀的吸附研究进展［J］. 广东化工，2019，46（22）：55-56.

［8］唐志坚，张平，左社强. 低浓度含铀废水处理技术的研究进展［J］. 工业用水与废水，2003（4）：9-12.

［9］林莹，高柏，李元锋. 核工业低浓度含铀废水处理技术进展［J］. 山东化工，2009，38（3）：35-38.

［10］Organization World Health. Guidelines for drinking-water quality-4TH edition［M］. WHO Press，2011：430-431.

［11］EPA. National primary drinking water regulations-code of federal regulations 40CFR 141［M］. USA：United States Environmental Protection Agency，2011.

［12］CHEN Hao，WANG Aiqin. Adsorption characteristics of Cu（Ⅱ）from aqueous solution onto poly（acrylamide）／attapulgite composite［J］. Journal of Hazardous Materials，2009，165（1）：223-231.

［13］Coşkun Ramazan，Soykan Cengiz，Saçak Mehmet. Adsorption of copper（Ⅱ），nickel（Ⅱ）and cobalt （Ⅱ）ions from aqueous solution by methacrylic acid／acrylamide monomer mixture grafted poly（ethylene terephthalate）fiber［J］. Separation and Purification Technology，2006，49（2）：107-114.

［14］Ayman M. Attasupa/supsup ＊/sup Z. H. Abd El Wahabsupb sup Z. A. El Shafeysupb sup W. I. Zidansupc sup，Aklsupc/Sup Z. F. Uranyl Ions uptake from aqueous solutions using crosslinked ionic copolymers based on 2-acrylamido-2-methylpropane sulfonic acid copolymers［J］. Journal of Dispersion ence and Technology，2010，31（12）：1601-1610.

［15］李蓉. 铀的放射毒理学及防治研究［C］. 中国毒理学会第九次全国毒理学大会，2019：1.

［16］Kolhe Nilesh，Zinjarde Smita，Acharya Celin. Responses exhibited by various microbial groups relevant to uranium exposure［J］. Biotechnology Advances，2018，36（7）：1828-1846.

［17］WU Xiaoyan，LV Chunxue，YU Shoufu，et al. Uranium（Ⅵ）removal from aqueous solution using iron-carbon micro-electrolysis packing［J］. Separation and Purification Technology，2020，234：116-104.

［18］卢炜. 新型氧化石墨烯功能吸附剂构建及其铀吸附性能研究［D］. 南华大学，2019.

［19］澹爱丽.硫酸盐还原菌治理酸法地浸采铀地下水污染的研究［D］.南华大学，2007.

［20］LIU Fengling, WANG Jiahong, LI Liyuan, et al. Adsorption of Direct Yellow 12 onto Ordered Meso-porous Carbon and Activated Carbon［J］. Journal of Chemical and Engineering Data, 2009, 54(11)：3043－3050.

［21］苑士超.厌氧活性污泥及厌氧污泥胞外聚合物(EPS)除铀试验研究［D］.南华大学，2012.

［22］HU Juntong, LV Yijin, CUI Wei, et al. Study on treatment of uranium－containing wastewater by bio-sorption［J］. IOP Conference Series：Earth and Environmental Science, 2019, 330：32－29.

［23］任俊树，牟涛，杨胜亚，等.絮凝沉淀处理含盐量较高的铀、钚低放废水［J］.核化学与放射化学，2008(4)：201－205.

［24］Rallakis D, Michels R, Brouand M, et al. The Role of Organic Matter on Uranium Precipitation in Zoovch Ovoo, Mongolia［J］. Minerals, 2019, 9(5)：310.

［25］Kornilov A S, Piterkina E V, Shcherbakova K O, et al. Specific Features of Peroxide Precipitation of U-ranium from Acid Water—Ethanol Solutions［J］. Radiochemistry, 2020, 62(2)：173－176.

［26］Sen Nirvik, Darekar Mayur, Sirsat Pratik, et al. Recovery of uranium from lean streams by extraction and direct precipitation in microchannels［J］. Separation and Purification Technology, 2019, 227：115641.

［27］彭国文.新型功能化吸附剂的制备及其吸附铀的试验研究［D］.中南大学，2014.

［28］张辉.功能化吸附材料的制备及其吸附低浓度铀的行为与机理［D］.南华大学，2020.

［29］Foster Richard I, Amphlett James T M, Kim Kwang－Wook, et al. SOHIO process legacy waste treat-ment：Uranium recovery using ion exchange［J］. Journal of Industrial and Engineering Chemistry, 2020, 81.

［30］柏云.含铀废水微生物处理方法研究［D］.四川大学，2003.

［31］Permogorov Nadia. Membrane technologies for water treatment：Removal of toxic trace elements with emphasis on arsenic, fluoride and uranium［J］. Johnson Matthey Technology Review, 2016, 60(4)：323－347.

［32］魏广芝，徐乐昌.低浓度含铀废水的处理技术及其研究进展［J］.铀矿冶，2007(2)：90－95.

［33］孙园园.耐镉植物抗性及富集规律的研究［D］.贵州大学，2015.

［34］刘定斌.生态恢复中不同植物对土壤酸性改良效果研究［J］.有色冶金设计与研究，2020，41(3)：42－44.

［35］Camus H, Little R, Acton D, et al. Long－term contaminant migration and impacts from uranium mill tailings［J］. Journal of Environmental Radioactivity, 1999, 42(2)：289－304.

［36］Martins Mónica, Faleiro Maria Leonor, Chaves Sandra, et al. Effect of uranium（Ⅵ）on two sulphate-reducing bacteria cultures from a uranium mine site［J］. Science of the Total Environment, 2010, 408(12)：2621－2628.

［37］Lovley Derek R, Phillips Elizabeth J P, Gorby Yuri A, et al. Microbial reduction of uranium［J］. Na-ture, 1991, 350(6317)：413－416.

［38］Gonzalez－Gil G, Lens Pnl, Aelst A Van, et al. Cluster Structure of Anaerobic Aggregates of an Expanded Granular Sludge Bed Reactor［J］. Applied and Environmental Microbiology, 2001, 67(8)：3683－3692.

［39］Bopp Charles John, Lundstrom Craig C, Johnson Thomas M, et al. Uranium $^{238}U/^{235}U$ Isotope Ratios as Indicators of Reduction：Results from an in situ Biostimulation Experiment at Rifle, Colorado, U. S. A ［J］. Environmental Science & Technology, 2010, 44(15)：5927－5933.

［40］涂鸿，赵长葰，袁果园，等.芽孢杆菌矿化 U(Ⅵ)研究［C］.中国化学会第五届全国核化学与放射化学青年学术研讨会，2019：2.

[41] Hu Michael Z - C, Norman John M, Faison Brendlyn D, et al. Biosorption of uranium by Pseudomonas aeruginosa strain CSU：Characterization and comparison studies[J]. Biotechnology and Bioengineering, 2015, 51(2)：237-247.

[42] 刘岳林. Cu²⁺对硫酸盐还原菌处理低浓度含铀废水的影响与机理试验研究[D]. 南华大学, 2011.

[43] Tsezos M, Volesky B. Biosorption of uranium and thorium[J]. Biotechnology and Bioengineering, 2010, 23(3)：583-604.

[44] LI Meng, ZHOU Shaoqi, XU Yuting, et al. Simultaneous Cr(Ⅵ) reduction and bioelectricity generation in a dual chamber microbial fuel cell[J]. Chemical Engineering Journal, 2018, 334：1621-1629.

[45] 张怡然, 吴立波. 微生物燃料电池在废水处理中的应用进展[J]. 水资源与水工程学报, 2010, 21(6)：100-104.

[46] 孙彩玉, 李立欣, 王晶, 等. 双室微生物燃料电池处理有机废水与重金属废水性能研究[J]. 水处理技术, 2019, 45(8)：99-102.

[47] 徐功娣. 微生物燃料电池原理与应用[M]. 微生物燃料电池原理与应用, 2012.

[48] ZHAO Feng, Harnisch Falk, Schröder Uwe, et al. Challenges and constraints of using oxygen cathodes in microbial fuel cells[J]. Environmental Science & Technology, 2006, 40(17)：5193-5199.

[49] ZHAO Feng, Harnisch Falk, Schrder Uwe, et al. Challenges and constraints of using oxygen cathodes in microbial fuel cells[J]. Environmental Science and Technology, 2006, 40(17)：5193-5199.

[50] Logan Bruce E. Microbial fuel cells[M]. John Wiley & Sons, 2008.

[51] Chansoo Choi, Yufeng Cui. Recovery of silver from wastewater coupled with power generation using a microbial fuel cell[J]. Bioresource Technology, 2012, 107：522-525.

[52] Logan B E. Voltage Generation[M]. Microbial Fuel Cells, 2008.

[53] 温青, 孙茜, 赵立新, 等. 微生物燃料电池对废水中对硝基苯酚的去除[J]. 现代化工, 2009, 29(4)：40-42.

[54] LI Hui, NI Jinren. Treatment of wastewater from Dioscorea zingiberensis tubers used for producing steroid hormones in a microbial fuel cell[J]. Bioresource Technology, 2011, 102(3)：2731-2735.

[55] Min Booki, Kim JungRae, Oh SangEun, et al. Electricity generation from swine wastewater using microbial fuel cells[J]. Water Research, 2005, 39(20)：4961-4968.

[56] WEN Qing, WU Ying, ZHAO Lixin, et al. Production of electricity from the treatment of continuous brewery wastewater using a microbial fuel cell[J]. Fuel, 2010, 89(7)：1381-1385.

[57] WANG Gang, HUANG Liping, ZHANG Yifeng. Cathodic reduction of hexavalent chromium［Cr(Ⅵ)］coupled with electricity generation in microbial fuel cells[J]. Biotechnology Letters, 2008, 30(11)：1959-1966.

[58] HUANG Liping, CHEN Jingwen, Xie Quan, et al. Enhancement of hexavalent chromium reduction and electricity production from a biocathode microbial fuel cell[J]. Bioprocess and Biosystems Engineering, 2010, 33(8)：937-945.

[59] Xafenias N, Zhang Y, Banks C J. Evaluating hexavalent chromium reduction and electricity production in microbial fuel cells with alkaline cathodes[J]. International Journal of Environmental Science and Technology, 2015, 12(8)：2435-2446.

[60] Gupta Shally, Yadav Ashish, Verma Nishith. Simultaneous Cr (Ⅵ) reduction and bioelectricity generation using microbial fuel cell based on alumina-nickel nanoparticles-dispersed carbon nanofiber electrode[J]. Chemical Engineering Journal, 2017, 307：729-738.

[61] Kim Changman, Lee Cho Rong, Song Young Eun, et al. Hexavalent chromium as a cathodic electron ac-

ceptor in a bipolar membrane microbial fuel cell with the simultaneous treatment of electroplating wastewater[J]. Chemical Engineering Journal, 2017, 328: 703−707.

[62] Heijne Annemiek Ter, Liu Fei, Weijden Renata Van Der, et al. Copper Recovery Combined with Electricity Production in a Microbial Fuel Cell [J]. Environmental Science & Technology, 2010, 44 (11): 4376.

[63] ZHANG Lijuan, TAO Huchun, WEI Xueyan, et al. Bioelectrochemical recovery of ammonia−copper (Ⅱ) complexes from wastewater using a dual chamber microbial fuel cell[J]. Chemosphere, 2012, 89 (10): 1177−1182.

[64] WU Yining, ZHAO Xin, Jin Min, et al. Copper removal and microbial community analysis in single−chamber microbial fuel cell[J]. Bioresource Technology, 2018, 253: 372−377.

[65] WANG Yunhai, WANG Baishi, PAN Bin, et al. Electricity production from a bio−electrochemical cell for silver recovery in alkaline media[J]. Applied Energy, 2013, 112: 1337−1341.

[66] WANG Zejie, Bongsu Lim, Chansoo Choi. Removal of Hg^{2+} as an electron acceptor coupled with power generation using a microbial fuel cell[J]. Bioresource Technology, 2011, 102(10): 6304−6307.

[67] ZHANG Baogang, ZHAO Huazhang, SHI Chunhong, et al. Simultaneous removal of sulfide and organics with vanadium(Ⅴ) reduction in microbial fuel cells[J]. Journal of Chemical Technology & Biotechnology Biotechnology, 2010, 84(12): 1780−1786.

[68] Abourached Carole, Tune Catal, Liu Hong. Efficacy of single−chamber microbial fuel cells for removal of cadmium and zinc with simultaneous electricity production[J]. Water Research, 2014, 51(mar. 15): 228−233.

[69] 严森. 厌氧条件下纳米铁还原水中六价铀的反应动力学和机理研究[D]. 中国地质大学, 2010.

[70] Kelvin B Gregory. Remediation and recovery of uranium from contaminated subsurface environments with electrodes[J]. Environmental Science & Technology, 2005, 22(39): 8943−8947.

[71] Vijay Ankisha, Khandelwal Amitap, Chhabra Meenu, et al. Microbial fuel cell for simultaneous removal of uranium (Ⅵ) and nitrate[J]. Chemical Engineering Journal, 2020, 388: 124157.

[72] 孔晓英, 孙永明, 李连华, 等. 不同底物对微生物燃料电池产电性能的影响[J]. 农业工程学报, 2011, 27(S1): 185−188.

[73] McIntyre, N S. Chemical information from XPS—applications to the analysis of electrode surfaces[J]. J. Vac. . Technol, 1998, 18(3): 714−721.

[74] Dacheux N, Brandel V, Genet M, Solid solutions of uranium and thorium phosphates: synthesis, characterization, and X - Ray photoelectron spectroscopy[J]. ChemInform, 1996, 20(3): 301−310.

[75] Pireaux J J, Mårtensson N, Didriksson R, et al. High resolution esca study of uranium fluorides: UF_4 and K_2UF_6[J]. Chemical Physics Letters, 1977, 46(2): 215−219.

[76] 张晶, 王运, 赵海波, 等. 铀矿山酸性废水的治理方法和研究进展[J]. 能源研究与管理, 2010 (3): 34−36.

[77] WANG Gang, Huang Liping, Zhang Yifeng. Cathodic reduction of hexavalent chromium [Cr(Ⅵ)] coupled with electricity generation in microbial fuel cells[J]. Biotechnology Letters, 2008, 30(11): 1959−1966.

[78] Rodriguez−Valadez Francisco, Ortiz−Éxiga Carlos, Ibanez Jorge G., et al. Electroreduction of Cr(Ⅵ) to Cr(Ⅲ) on reticulated vitreous carbon electrodes in a parallel−plate reactor with recirculation[J]. Environmental Science & Technology, 2005, 39(6): 1875−1879.

[79] LIU Liang, YUAN Yong, LI Fangbai, et al. In−situ Cr(Ⅵ) reduction with electrogenerated hydrogen

peroxide driven by iron-reducing bacteria[J]. Bioresource Technology, 2011, 102(3): 2468-2473.

[80] HUANG Liping, CHAI Xiaolei, CHENG Shaoan, et al. Evaluation of carbon-based materials in tubular biocathode microbial fuel cells in terms of hexavalent chromium reduction and electricity generation[J]. Chemical Engineering Journal, 2011, 166(2): 652-661.

[81] Nam Joo-Youn, Kim Hyun-Woo, Lim Kyeong-Ho, et al. Variation of power generation at different buffer types and conductivities in single chamber microbial fuel cells[J]. Biosensors and Bioelectronics, 2010, 25(5): 1155-1159.

[82] YE Yaoli, ZHU Xiuping, Logan Bruce E. Effect of buffer charge on performance of air-cathodes used in microbial fuel cells[J]. Electrochimica Acta, 2016, 194: 441-447.

[83] 朱元良, 周西顺, 杨发旺, 等. 盐酸在氨基酸水溶液中热力学性质的研究—Ⅰ. 甘氨酸+盐酸+水体系[J]. 物理化学学报, 1992(1): 134-137.

[84] Aikens D A. Electrochemical methods, fundamentals and applications [J]. Journal of Chemical Education, 1983, 60(1): A25.

[85] Gangadharan Praveena, Nambi Indumathi M. Hexavalent chromium reduction and energy recovery by using dual-chambered microbial fuel cell[J]. Water Science & Technology, 2015, 71(3): 353-358.

[86] LI Zhongjian, ZHANG Xingwang, LEI Lecheng. Electricity production during the treatment of real electroplating wastewater containing Cr^{6+} using microbial fuel cell[J]. Process Biochemistry, 2008, 43(12): 1352-1358.

[87] TAO Hunchun, LIANG Min, LI Wei, et al. Removal of copper from aqueous solution by electrodeposition in cathode chamber of microbial fuel cell[J]. Journal of Hazardous materials, 2011, 189(1): 186-192.

[88] WANG Zejie, Bongsu Lim, LU Hui, et al. Cathodic reduction of Cu^{2+} and electric power generation using a microbial fuel cell[J]. Bulletin- Korean Chemical Society, 2010, 31(7): 2025-2030.

[89] ZHANG Baogang, FENG Chuanping, NI Jinren, et al. Simultaneous reduction of vanadium (V) and chromium (Ⅵ) with enhanced energy recovery based on microbial fuel cell technology[J]. Journal of Power Sources, 2012, 204: 34-39.

[90] Jang Jae Kyung, Pham The Hai, Chang In Seop, et al. Construction and operation of a novel mediator- and membrane-less microbial fuel cell[J]. Process Biochemistry, 2004, 39(8): 1007-1012.

[91] Menicucci Joseph, Beyenal Haluk, Marsili Enrico, et al. Procedure for determining maximum sustainable power generated by microbial fuel cells[J]. Environmental Science & Technology, 2006, 40(3): 1062-1068.

[92] Li Na, Kakarla Ramesh, Min Booki. Effect of influential factors on microbial growth and the correlation between current generation and biomass in an air cathode microbial fuel cell[J]. International Journal of Hydrogen Energy, 2016, 41(45): 20606-20614.

[93] SONG Tianshun, YAN Zaisheng, ZHAO Zhiwei, et al. Removal of organic matter in freshwater sediment by microbial fuel cells at various external resistances[J]. Journal of Chemical Technology and Biotechnology, 2010: 1489-1493.

[94] Rismani-Yazdi Hamid, Christy Ann D, Carver Sarah M, et al. Effect of external resistance on bacterial diversity and metabolism in cellulose-fed microbial fuel cells[J]. Bioresource Technology, 2011, 102(1): 278-283.

[95] SUN Jian, BI Zhe, HOU Bin, et al. Further treatment of decolorization liquid of azo dye coupled with increased power production using microbial fuel cell equipped with an aerobic biocathode[J]. Water Research, 2011, 45(1): 283-291.

［96］ Moulder John F, Chastain Jill, King Roger C. Handbook of X-ray photoelectron spectroscopy: a reference book of standard spectra for identification and interpretation of XPS data: Perkin-Elmer Eden Prairie, MN, 1992: 44-45.

［97］ WU Xiaoyan, ZHOU Xiaoliang, TIAN Yu, et al. Stability and electrochemical performance of lanthanum ferrite-based composite SOFC anodes in hydrogen and carbon monoxide[J]. Electrochimica Acta, 2016, 208: 164-173.

［98］ DING Lei, TAN Wenfa, XIE Shuibo, et al. Uranium adsorption and subsequent re-oxidation under aerobic conditions by Leifsonia sp. - Coated biochar as green trapping agent[J]. Environmental Pollution, 2018, 242: 778-787.

［99］ Trowbridge L D, Richards H L X - ray photoelectron spectra of the U_4f levels in UF_4, UF_5 and UF_6[J]. Surface & Interface Analysis, 2010, 4(3): 89-93.

［100］ Abourached Carole, Catal Tunc, LIU Hong. Efficacy of single-chamber microbial fuel cells for removal of cadmium and zinc with simultaneous electricity production[J]. Water Research, 2014, 51: 228-233.

［101］ Rahimnejad Mostafa, Adhami Arash, Darvari Soheil, et al. Microbial fuel cell as new technology for bioelectricity generation: A review[J]. Alexandria Engineering Journal, 2015, 54(3): 745-756.

［102］ 莫福荣. 试论能源危机前思考之路[J]. 低碳世界, 2018(3): 128-130.

［103］ 杨子民. 实现巴黎协议环保目标的化石能源可燃烧总量研究[J]. 环境科学与技术, 2020, 43(9): 111-118.

［104］ 杨庆明. 金属矿山重金属水体污染评价与预测[D]. 江西理工大学, 2011.

［105］ Amoakwah E, Ahsan S, Rahman M A, et al. Assessment of Heavy Metal Pollution of Soil-water-vegetative Ecosystems Associated with Artisanal Gold Mining[J]. Soil & Sediment Contamination, 2020, 29(7): 788-803.

［106］ 魏欢欢. 重金属污染水体生物修复治理技术[J]. 化工管理, 2020(30): 100-101.

［107］ 杨雅茹, 钟瑶, 李帅东, 等. 水产品中重金属对人体的危害研究进展[J]. 农业技术与装备, 2020(10): 55-56.

［108］ Mahiya Suresh, Lofrano Giusy, Sharma Sanjay K. Heavy metals in water, their adverse health effects and Biosorptive removal: A review[J]. International Journal of Chemistry, 2014, 3(1): 132-149.

［109］ Kumar V, Parihar R D, Sharma A, et al. Global evaluation of heavy metal content in surface water bodies: A meta-analysis using heavy metal pollution indices and multivariate statistical analyses[J]. Chemosphere, 2019, 236: 14.

［110］ 邓琳静, 刘艳霖, 幸嘉瑜, 等. 水体重金属污染处理研究进展[J]. 广东化工, 2020, 47(19): 104-106, 114.

［111］ 吴倩云. 水体重金属污染来源及修复技术研究进展[J]. 广东化工, 2020, 47(10): 119, 122.

［112］ LIU Hong, Grot Stephen, Logan Bruce E. Electrochemically Assisted Microbial Production of Hydrogen from Acetate[J]. Environ. sci. technol, 2005, 39(11): 4317.

［113］ ZHANG Yifeng, Angelidaki Irini. Microbial electrolysis cells turning to be versatile technology: Recent advances and future challenges[J]. Water Research, 2014, 56: 11-25.

［114］ ZHANG Yong, YU Lihua, WU Dan, et al. Dependency of simultaneous Cr(Ⅵ), Cu(Ⅱ) and Cd(Ⅱ) reduction on the cathodes of microbial electrolysis cells self-driven by microbial fuel cells[J]. Journal of Power Sources, 2015, 273: 1103-1113.

［115］ 王博, 高冠道, 李凤祥, 等. 微生物电解池应用研究进展[J]. 化工进展, 2017, 36(3): 1084-1092.

［116］ Freguia Stefano, Rabaey Korneel, Yuan Zhiguo, et al. Non-catalyzed cathodic oxygen reduction at graphite granules in microbial fuel cells[J]. Electrochimica Acta, 2007, 53(2): 598-603.

[117] Rozendal René A, Hamelers Hubertus V M, Molenkamp Redmar J, et al. Performance of single chamber biocatalyzed electrolysis with different types of ion exchange membranes[J]. Water Research, 2007, 41(9): 1984-1994.

[118] Sleutels Tom H J A, Hamelers Hubertus V M, Buisman Cees J N %J Bioresour Technol. Effect of mass and charge transport speed and direction in porous anodes on microbial electrolysis cell performance[J]. Bioresource Technology, 2011, 102(1): 399-403.

[119] QIN Bangyu, LUO Haiping, LIU Guangli, et al. Nickel ion removal from wastewater using the microbial electrolysis cell[J]. Bioresource Technology, 2012, 121: 458-461.

[120] 赵欣, 吴忆宁, 王岭, 等. 单室微生物电解池除镍途径分析及微生物群落动态特征[J]. 微生物学报, 2016, 56(11): 1794-1801.

[121] WANG Qiang, HUANG Liping, YU Hongtao, et al. Assessment of five different cathode materials for Co(Ⅱ) reduction with simultaneous hydrogen evolution in microbial electrolysis cells[J]. International Journal of Hydrogen Energy, 2015, 40(1): 184-196.

[122] JIANG Linjie, HUANG Liping, SUN Yuliang. Recovery of flakey cobalt from aqueous Co(Ⅱ) with simultaneous hydrogen production in microbial electrolysis cells[J]. International Journal of Hydrogen Energy, 2014, 39(2): 654-663.

[123] HUANG Liping, JIANG Linjie, WANG Qiang, et al. Cobalt recovery with simultaneous methane and acetate production in biocathode microbial electrolysis cells[J]. Chemical Engineering Journal, 2014, 253: 281-290.

[124] Modin Oskar, WANG Xiaofei, WU Xue, et al. Bioelectrochemical recovery of Cu, Pb, Cd, and Zn from dilute solutions[J]. Journal of Hazardous Materials, 2012, 235-236(20): 291-297.

[125] Colantonio Natalie, Kim Younggy. Lead(Ⅱ) removal at the bioanode of microbial electrolysis cells[J]. ChemistrySelect, 2016, 1(18): 5743-5748.

[126] Bo T, Zhang L X, Zhu X Y, et al. Lead ions removal from aqueous solution in a novel bioelectrochemical system with a stainless steel cathode[J]. Rsc Advances, 2014, 4(77): 41135-41140.

[127] CHEN Yiran, SHEN Jingya, HUANG Liping, et al. Enhanced Cd(Ⅱ) removal with simultaneous hydrogen production in biocathode microbial electrolysis cells in the presence of acetate or $NaHCO_3$[J]. International Journal of Hydrogen Energy, 2016, 41(31): 13368-13379.

[128] Colantonio Natalie, Kim Younggy. Cadmium (Ⅱ) removal mechanisms in microbial electrolysis cells [J]. Journal of Hazardous materials, 2016, 311: 134-141.

[129] Modin Oskar, Fuad Nafis, Rauch Sebastien. Microbial electrochemical recovery of zinc[J]. Electrochimica Acta, 2017, 248: 58-63.

[130] GONG Jingting, LIU Guangli, ZHANG Renduo, et al. Copper recovery from aqueous solutions using the microbial electrolysis cell[C]. 环境模拟与污染控制国际学术研讨会暨第七届环境模拟与污染控制学术研讨会(International Conference on Environment Simulation and Pollution Control)论文集, 2011: 31-32.

[131] Champault G, Legout J, Pourriat J L, et al. Heavy metal recovery combined with H_2 production from artificial acid mine drainage using the microbial electrolysis cell[J]. Med Chir Dig, 2014, 270(7): 153-159.

[132] A Y V. Nancharaiah, B S. Venkata Mohan, D P. N. L. Lens C. Metals removal and recovery in bioelectrochemical systems: A review[J]. Bioresource Technology, 2015, 195: 102-114.

[133] Rabaey Korneel, Rozendal Rene A. Microbial electrosynthesis − revisiting the electrical route for microbial production[J]. Nature Reviews Microbiology, 2010, 8(10): 706−716.

[134] Rozendal R A, Jeremiasse A W, Hamelers H V M, et al. Hydrogen production with a microbial biocathode[J]. Environmental Science & Technology, 2008, 42(2): 629−634.

[135] Logan Bruce E, Call Douglas, Cheng Shaoan, et al. Microbial electrolysis cells for high yield hydrogen gas production from organic matter[J]. Environmental Science & Technology, 2008, 42(23): 8630−8640.

[136] Jafary T, Daud W R W, Ghasemi M, et al. A comprehensive study on development of a biocathode for cleaner production of hydrogen in a microbial electrolysis cell[J]. Journal of Cleaner Production, 2017, 164: 1135−1144.

[137] Saravanan A, Karishma S, Kumar P. Senthil, et al. Microbial electrolysis cells and microbial fuel cells for biohydrogen production: current advances and emerging challenges[J]. Biomass Conversion and Biorefinery, 2020.

[138] LIU Hong, Grot Stephen, Logan Bruce E. Electrochemically assisted microbial production of hydrogen from acetate[J]. Environmental Science & Technology, 2005, 39(11): 4317−4320.

[139] 路璐. 生物质微生物电解池强化产氢及阳极群落结构环境响应[D]. 哈尔滨工业大学, 2012.

[140] Nam Joo−Youn, Logan Bruce E. Optimization of catholyte concentration and anolyte pHs in two chamber microbial electrolysis cells[J]. International Journal of Hydrogen Energy, 2012, 37(24): 18622−18628.

[141] CHENG Shaoan, Logan Bruce E. High hydrogen production rate of microbial electrolysis cell (MEC) with reduced electrode spacing[J]. Bioresource Technology, 2011, 102(3): 3571−3574.

[142] Call Douglas, Logan Bruce E. Hydrogen production in a single chamber microbial electrolysis cell lacking a membrane[J]. Environmental Science & Technology, 2008, 42(9): 3401−3406.

[143] 胡凯, 贾硕秋, 陈卫. 微生物电解池构型和电极材料研究综述[J]. 能源环境保护, 2016, 30(5): 1−8, 34.

[144] TAO Huchun, LEI Tao, SHI Gang, et al. Removal of heavy metals from fly ash leachate using combined bioelectrochemical systems and electrolysis[J]. Journal of Hazardous Materials, 2014, 264: 1−7.

[145] Varia Jeet, Martínez Susana Silva, Orta Sharon Velasquez, et al. Bioelectrochemical metal remediation and recovery of Au^{3+}, Co^{2+} and Fe^{3+} metal ions[J]. Electrochimica Acta, 2013, 95: 125−131.

[146] 钱骁, 刘瑞志, 李捷, 等. 水体镉污染成因、应急处置及潜在风险评估[C]. 2012 中国环境科学学会学术年会, 2012: 10.

[147] 陈一染. 生物阴极微生物电解池去除 Cd(Ⅱ) 的外加电压与碳源效应[D]. 大连理工大学, 2015.

[148] 李建勇. 电镀含镉废水的生物处理技术的应用[J]. 山西冶金, 2018, v. 41; No. 174(4): 119−121.

[149] JIANG Linjie, HUANG Liping, SUN Yuliang. International Journal of Hydrogen Energy. Recovery of flakey cobalt from aqueous Co(Ⅱ) with simultaneous hydrogen production in microbial electrolysis cells[J]. Hydrogen Energy, 2014, 39(2): 654−663.

[150] WANG Qiang, HUANG Liping, YU Hongtao, et al. Assessment of five different cathode materials for Co(Ⅱ) reduction with simultaneous hydrogen evolution in microbial electrolysis cells[J]. Hydrogen Energy, 2015, 40(1).

[151] 窦赫扬, 李英华, 邹继颖. 水体中锌离子去除方法的研究进展[J]. 吉林化工学院学报, 2018, 35(9): 80−83.

[152] TENG Wenkai, LIU Guangli, LUO Haiping, et al. Simultaneous sulfate and zinc removal from acid

wastewater using an acidophilic and autotrophic biocathode[J]. Journal of Hazardous materials, 2016, 304: 159-165.

[153] GB 8978—2002 污水综合排放标准, 2002.

[154] 陈蓉. 反渗透膜技术在含铅废水处理中的应用[J]. 广东蚕业, 2020, 54(3): 74-75.

[155] Ntagia E, Rodenas P, ter Heijne A, et al. Hydrogen as electron donor for copper removal in bioelectrochemical systems[J]. International Journal of Hydrogen Energy, 2016, 41(13): 5758-5764.

[156] Zhen G Y, Kobayashi T, Lu X Q, et al. Understanding methane bioelectrosynthesis from carbon dioxide in a two-chamber microbial electrolysis cells (MECs) containing a carbon biocathode[J]. Bioresource Technology, 2015, 186: 141-148.

[157] van Eerten-Jansen Mcaa, Jansen N C, Plugge C M, et al. Analysis of the mechanisms of bioelectrochemical methane production by mixed cultures[J]. Chemical Technology and Biotechnology, 2015, 90 (5): 963-970.

[158] Zaybak Zehra, Pisciotta John M, Tokash Justin C, et al. Enhanced start-up of anaerobic facultatively autotrophic biocathodes in bioelectrochemical systems[J]. Journal of Biotechnology, 2013, 168(4): 478-485.